扬 州 耕 地

李文西 毛 伟 主编

中国农业出版社

北 京

内 容 简 介

　　耕地是人类生存的基础、发展的载体，耕地质量的优劣关系到粮食安全、农产品质量安全以及农业可持续发展。根据我国人口众多、耕地不足、淡水匮乏、生态脆弱的基本国情，针对当前粮食生产发展的形势，采取有效措施，实施"沃土工程"，努力提高耕地质量，加快中低产田改造，建设高产稳产耕地，对于提高扬州市耕地的持续生产能力、保障粮食安全、夯实农业持续稳定发展的基础具有十分重要的意义。

《扬州耕地》编委会

主　　编　李文西　毛　伟

编　　委　陈　明　张月平　张炳宁　王力扬

　　　　　陈　欣　王曙光　杜　平　冯龙庆

　　　　　王　翔　苏　胜　刘绍贵　徐迅燕

　　　　　刘翔麟

单　　位　扬州市耕地质量保护站

前言

扬州，古称广陵、江都、维扬，江苏省辖地级市，是江苏长江经济带的重要组成部分。扬州位于江苏省中部、长江与京杭大运河交汇之处，有"淮左名都，竹西佳处"之称，又有"中国运河第一城"的美誉。

"万物土中生，有土斯有粮"。耕地是国家粮食安全和农业生产力的基本要素，是不可再生、不可替代的稀缺资源，也是现阶段容易被忽视的宝贵财富。耕地质量的优劣直接影响土地产出率和农产品质量安全，影响农业增效和农民增收，关系到农业、农村和整个国民经济的可持续发展。对耕地质量实行动态监测，定期报告耕地质量状况，对合理配置耕地资源、调整种植业结构、保证粮食生产安全、实现农业可持续发展具有非常重要的意义。

保障粮食安全始终是事关扬州社会稳定经济发展的重要民生问题。近年来，扬州耕地面积不断减少，耕地质量总体下降，加之自然灾害频繁，耕地产出能力降低，对粮食安全构成威胁。从中长期来看，扬州人增地减和人民生活水平不断提高的趋势不会改变，因此，必须在合理配置耕地资源、稳定耕地面积和粮食种植面积的基础上，通过政策引导、增加投入，依靠科技进步切实提高耕地质量，建设高产稳产耕地，不断提高耕地基础地力，增强农业综合生产能力，确保粮食稳定增产和农民持续增收，保障国家粮食安全。必须看到，我国粮食产量虽然出现了恢复性增长，但粮食增产的基础还十分薄弱，增产的长效机制还没有形成，因此对耕地质量的保护还有很长一段路要走。

我们已建有国家测土配方施肥数据管理平台、农业农村部耕地质量监测与评价重点实验室、江苏耕地质量与测土配方施肥数据中心等重大平台，本书应用耕地质量数据管理中心存储的扬州耕地数据，通过系统全面的分析，对扬州耕地的生产潜力、耕地土壤养分丰缺状况、作物对耕地的适宜性、耕地土壤污染状况进行了客观的评价，科学地反映了扬州耕地质量状况、影响因素和发展趋势，有针对性地提出了合理利用和培肥的措施。

在本书的编撰过程中，编者参考、借鉴、引用了一些资料，在此一并向相关作者表示由衷的感谢。由于编者水平有限，书中难免有疏漏或不妥之处，恳请广大读者批评指正。

编 者

2022 年 9 月 20 日

目 录

第1章 自然与农业生产概况

1.1 自然概况

1.1.1 地理位置与行政区划

扬州为华夏九州之一，有 2 400 多年的历史。扬州地理坐标为 119°01′—119°54′E，31°56′—33°25′N。扬州地处江苏中部，南邻长江，北接淮安，东和盐城、泰州毗连，西与南京、淮安和安徽天长接壤。境内有长江岸线 80.5 km，沿江有仪征、邗江、江都三县（市）；京杭大运河纵穿其腹地，全长 143.3 km，由北向南连通白马湖、宝应湖、高邮湖、邵伯湖，汇入长江。

扬州辖 3 个区（江都区、邗江区、广陵区）、2 个县级市（仪征市、高邮市）、1 个县（宝应县）。全市共有 77 个乡镇，12 个街道办事处。

1.1.2 地貌类型

地形地貌和成土母质、水文相互作用，共同影响土壤的形成和发育，与土壤的分布密切相关。扬州境内地貌类型以平原为主，地势西高东低，分为里下河洼地、高沙土地区、沿江圩田地区和丘陵（低丘缓岗）四个农业区。

1.1.2.1 里下河洼地 全部里下河地区南起通扬运河，北至灌溉总渠，西起洪泽湖，东止于串场河。扬州境内部分可分为三种二级地貌类型。

（1）运西滨湖圩田区。位于宝应县大运河以西，地面高程 6～8 m，濒临白马湖、宝应湖，黄淮冲积母质，土壤沙土、壤土、黏土均有分布。

（2）碟形平原。包括沿运地区、通扬运河以北及串场河西地区，地面高程 3～4 m，南部和东部 2.5 m 以下，由边缘向洼地中心倾斜。土壤由边缘的渗育型水稻土和潴育型水稻土向低洼地区的潴育型水稻土过渡。

（3）湖荡洼地。包括宝应县东部、高邮市东北部地区，地面高程 2 m 上下，河网、湖荡水面较大，分布有脱潜型水稻土、潜育型水稻土和草渣土。

20 世纪 80 年代扬州市政府在里下河农业区组织实施百万亩*吨粮田建设工程，工程以建设高标准的灌排设施为手段改善当地的农业生产条件，把原来的一熟沤田改造为高产稳产的高标准吨粮田。

---

* 亩为非法定计量单位，1 亩＝1/15 hm²。下同。——编者注

受地貌类型、水文地质以及耕作习惯影响，扬州市土壤还具有以下几种微地域性分布规律。

（1）梯田式分布。低丘岗地为防止水土流失，修筑水平梯田以培养肥力较高的水稻土，由上而下依次建成岗田、塝田和冲田，相应地分布着黄刚土、黄白土、小粉白土、马肝土、冷浸土等。

（2）棋盘式分布。平原地区为了便于耕作管理。开展了大规模农田基本建设，实现了方正化，分片分区轮作和培肥改土，土壤呈棋盘式分布。

（3）垛田式分布。里下河湖荡地区地势低洼，为抗洪涝灾害，经过长期挖土垫高，堆叠成垛田，一般垫高 1 m 以上，每块垛田四周环水，形成一种特殊的垛田分布规律。

（4）同心圆式分布。这一分布在较大区域范围内和微地域内部都有表现，如里下河洼地：①以湖荡为圆心，地面高程向四周逐渐升高，由内向外分布着沼泽土、潜育型水稻土、脱潜型水稻土、潴育型水稻土。②以塘心田为圆心，四周分布着深脚沤田、浅脚沤田和两熟田，沤改旱后则为脱潜型水稻土和潴育型水稻土（老稻麦两熟田）。现经联圩并圩，增开生长沟河，平田方整，同心圆式逐渐被棋盘式取代。③以村庄为圆心，由内向外土壤肥力渐低，如岗地土壤分布由红筋马肝土到马肝土、杂白土到淀白土，高沙土地区由夜潮土到高沙土，里下河地区由红沙土到小粉沙土等。

1.1.2.2 高沙土地区

为长江古代冲积的带状沙堤，地面高程 4～6 m，土壤质地较沙，分布着灰潮土。20 世纪 80 年代扬州市政府组织实施百万亩低产田改造工程，工程以平整土地、建设灌溉和排水设施为手段改善农业生产条件，把纯旱作的农田改造为稻麦两熟的农田，该区的地貌发生了很大的变化。

1.1.2.3 沿江圩田地区

长江近代冲积形成，地貌形态上表现为带状平原，地面高程 2.5～3.5 m，土壤质地中壤至重壤，多发育渗育型水稻土。

1.1.2.4 低丘缓岗

由西向东倾斜。从低丘至湖边，高程由百余米降至八九米，地势起伏，岗田、塝田、冲田相间分布，根据地貌成因和形态特征可以划分为以下几种类型。

（1）低丘高岗。分布于仪征市西部，包括青山镇、月塘乡、谢集乡等乡（镇）。地面高程 40 m 以上，低丘高 50～140 m，顶平坡陡，顶部有坡积粗骨土，为次生林和荒草坡地。高岗多由黄土堆积而成，岗顶微有起伏，灌溉条件差，多分布旱地黄刚土。高岗向下延伸部分为高平岗，岔冲比较发育，山塘集水面积较大，便于拦蓄径流发展灌溉，水稻土的面积亦较大。

（2）平缓岗。低丘高岗以东包括仪征市、高邮市、邗江区，当地称丘陵。地面高程 20～40 m，岗坡平缓，2°～3°，支岔冲沟发育，地面切割破碎，集水和塘坝条件较好，多辟为水田。

（3）低平岗。地面高程 15～20 m，岗冲起伏较小，分布于河谷下游和平缓岗边缘，南接沿江平原，东接滨湖洼地，引水灌溉条件较好，以水田为主。

（4）河谷平原。由河流腐蚀漫溢、拓宽河谷而形成，主要有仪征的龙河及高邮、邗江之间扬寿河的宽谷低地，地面高程 10 m 上下，分布冲淤土和冷浸土。

（5）滨湖洼地。分布于高邮湖和邵伯湖滨，地面高程 5～7 m，为低平岗向东延伸部分，低洼处覆盖湖相沉积物，多为圩田或草滩。

1.1.3　成土母质

在大地构造单元上，里下河地区属于苏北盆地持续强烈沉降的一部分；沿江和高沙地区属长江三角洲持续沉降区；仪扬丘陵岗地属间歇性上升区。第四纪地层厚度，低丘缓岗地区为 50 m 左右，沿里运河一线约为 100 m，由此线向东渐深达 200 m。成土母质分述如下：

1.1.3.1　里下河地区——湖相母质　上更新世时期里下河处于滨海环境中，五六千年前海岸在高邮湖、宝应湖以西一线，长江入海口在镇江附近，两千年前淮河在淮阴附近注入海湾。后因南有长江三角洲向东推进，北有黄淮泥沙沉积，同时入海泥沙受潮流和波浪激荡堆积成栏门沙岗，将浅海湾围成潟湖，并容纳了深厚的沉积物，逐渐封淤成陆，形成四周略高的碟形平原。成土母质以全新统（Q_4^l）湖积淤黏土为主，南部和西部分别混有长江、淮河冲积物，东北部夹有海相沉积物。

里下河的成土母质，因经过形成潟湖、封淤、耕作等阶段，由上而下划分为 4 个层次。

（1）堆叠层。该层厚度为 30～60 cm，有的厚达 1 m 以上，为耕种后逐年使用大量河泥堆叠而成。河泥是里下河传统的"当家"肥料，既可作肥料改良土壤理化性状，又可垫高田身，抗涝防渍。

（2）黑土层（埋藏黑土层）。该层厚度约 20 cm，为耕种前沼泽土的表层土，有机质 30 g/kg 左右，这部分有机质老化，肥效不高。垦殖初期，河泥施用量大的地块覆盖进度快，黑土层保存比较完整，层次比较清晰，反之则颜色浅淡、层次比较模糊。

（3）湖相沉积层。全层质地均一，多为重壤至轻黏壤，厚度 2 m 左右，低洼的地方呈蓝灰色潜育层段，地势高的地方呈淡黄色或青灰色，夹杂黄色斑纹，类似于脱潜层段（古斑纹层）。

（4）潟湖相沉积层。此层厚1～2 m，其中残存咸水与淡水交汇生物蛏子的尸体。

1.1.3.2 高沙土地区——长江冲积母质 该区南连沿江地区，北接低丘岗地和里下河地区，向东延伸至泰州、南通，原系长江北岸沙嘴，为全新统海积冲积沙土（Q_4^{m+al}），成陆较早，距今有四五千年，在该区北缘发现了大量麋鹿化石和古代文化遗址。成陆过程中因河床比降小，水道分叉和海水顶托，形成纵横交错的沙堤，最高阶地沿老通扬运河以南，海拔5～6 m，形成两侧倾斜很小的冲积平原，局部为沙堤分隔成的洼地，经历沼泽阶段，土体内具埋藏黑土层。

高沙土地区经过漫长的自然夷平作用，在未经过人工平整之前，微域内高差较大，起伏不平，地块支离破碎，沟河稀少，曲折淤塞，宣泄不畅，少灌溉之利，以种植旱谷为主，土壤发育为灰潮土。20世纪80年代扬州市政府实施百万亩低产田改造工程，通过建设完善的灌排渠道、引淮江水灌溉、引导农民增施农家肥等措施使土壤质地有了较大的改善。

1.1.3.3 沿江地区——长江新冲积母质 该区濒临长江，北为高沙土地区，成陆历史不长，西部一两千年，东部五六百年，成土母质为全新统亚沙土（Q_4^{al}），长江新冲积物，经人工垦殖，表土多为中壤至重壤，底土质地偏沙，具有明显的沙黏相间冲积层理，尚未脱钙，石灰反应中等，土体内锈色斑纹较少，有少量雏形铁锰结核和石灰结核。

1.1.3.4 低丘岗地——下蜀黄土母质 仪扬低丘岗地包括仪征市、邗江区及郊区所称的山区、高邮市的湖西地区，成土母质以下蜀黄土（Q_3）为主。仪征市西部低丘高岗地区出露的地质类型有浦口组沙页岩，第三纪角砾岩，中新世浦口组沙岩、石砾岩、新第三纪六合组沙石层，上更新世玄武岩地层，上更新统雨花组沙砾石层，大多上覆下蜀黄土，局部形成粗骨黄棕壤，80 m以上低丘为风成黄土母质，岗地多为河相冲积性黄土状下蜀系亚黏土（Q_3^{al}），分水岭以北地区质地较黏重，上下均一，上覆积次生黄土。

1.1.4 土地资源概况

根据国务院统一部署，2018年9月扬州市开展了以2017年12月31日为统一时间点的第三次国土调查（以下简称"三调"）。扬州市历时3年，调动20余家单位、780余人共同参与，如期形成全市7个县级调查单元、94万个图斑的成果和数据汇总，全面查清了全市国土利用状况和资源家底。

江苏省第三次国土调查领导小组办公室核定后的扬州市主要地类数据

如下：

(1) 耕地 273 950.28 hm²（410.93 万亩）。其中，水田 254 499.31 hm²（381.75 万亩），占 92.90%；水浇地 15 566.80 hm²（23.35 万亩），占 5.68%；旱地 3 884.17 hm²（5.83 万亩），占 1.42%。

(2) 园地 4 081.35 hm²（6.12 万亩）。其中，果园 2 222.27 hm²（3.33 万亩），占 54.45%；茶园 1 022.91 hm²（1.54 万亩），占 25.06%；其他园地 836.17 hm²（1.25 万亩），占 20.49%。

(3) 林地 30 608.14 hm²（45.91 万亩）。其中，乔木林地 9 504.19 hm²（14.26 万亩），占 31.05%；竹林地 226.96 hm²（0.34 万亩），占 0.74%；灌木林地 16.29 hm²（0.02 万亩），占 0.05%；其他林地 20 860.70 hm²（31.29 万亩），占 68.16%。

(4) 草地 3 196.21 hm²（4.79 万亩）。其中，其他草地 3 196.21 hm²（4.79 万亩），占 100.00%。

(5) 湿地 3 516.28 hm²（5.27 万亩）。湿地是"三调"新增地类。其中，内陆滩涂 3 516.28 hm²（5.27 万亩），占 100.00%。

(6) 城镇村及工矿用地 115 876.65 hm²（173.81 万亩）。其中，城市用地 22 302.48 hm²（33.45 万亩），占 19.25%；建制镇用地 26 360.89 hm²（39.54 万亩），占 22.75%；村庄用地 65 623.73 hm²（98.44 万亩），占 56.63%；采矿用地 468.80 hm²（0.70 万亩），占 0.40%；风景名胜及特殊用地 1 120.75 hm²（1.68 万亩），占 0.97%。

(7) 交通运输用地 23 200.02 hm²（34.80 万亩）。其中，铁路用地 783.86 hm²（1.18 万亩），占 3.38%；公路用地 11 985.30 hm²（17.98 万亩），占 51.66%；农村道路用地 9 791.24 hm²（14.69 万亩），占 42.20%；机场用地 200.92 hm²（0.30 万亩），占 0.87%；港口码头用地 388.68 hm²（0.58 万亩），占 1.67%；管道运输用地 50.02 hm²（0.07 万亩），占 0.22%。

(8) 水域及水利设施用地 203 144.70 hm²（304.72 万亩）。其中，河流水面 47 678.45 hm²（71.52 万亩），占 23.47%；湖泊水面 49 242.43 hm²（73.86 万亩），占 24.24%；水库水面 1 514.79 hm²（2.27 万亩），占 0.75%；坑塘水面 77 324.78 hm²（115.99 万亩），占 38.06%；沟渠 19 370.01 hm²（29.06 万亩），占 9.53%；水工建筑用地 8 014.24 hm²（12.02 万亩），占 3.95%。

"三调"是一次重大国情国力调查，也是一项重要的自然资源基础调查。要以"三调"成果应用为契机，进一步加强和改进自然资源管理工作。要坚持最严格的耕地保护制度，坚决遏制耕地"非农化"，严格管控"非粮化"，规范完善耕地占补平衡，确保完成上级下达的耕地保有量和永久基本农田保护目标任务。要因地制宜，加强国土空间全域综合整治，优化生产、生活、生态空间格局，深入推进生态文明建设，助推乡村全面振兴。要坚持节约集约，合理确定新增建设用地规模，盘活城乡存量建设用地，推动城镇低效用地再开发，提升土地开发利用质量和效益，保障经济社会高质量发展。

各地、各有关部门要把"三调"成果作为相关管理工作的基本依据，切实发挥调查成果的重要支撑作用。深入推动调查成果在职能部门间的共享，持续提升治理体系和治理能力现代化水平，共同把"好地方"扬州建设得更加美好。

1.2 农业生产概况

1.2.1 耕地资源特点及动态变化

扬州市人多地少，耕地资源十分宝贵。随着人口的不断增长和社会经济的迅猛发展，扬州市人口与耕地资源的矛盾日益尖锐。

1.2.1.1 扬州市耕地资源特点

（1）耕地数量不足，人均耕地少。根据1997年的调查数据，扬州市耕地面积为484.62万亩，人均耕地面积1.09亩，人均耕地不足，制约了农业生产的可持续发展。

（2）耕地质量好，生产水平高。扬州市地势低平，土层深厚，土壤质地比较适中，土壤的保水保肥能力强，耕地质量好。全市土壤有机质平均含量为1.88%，是江苏省土壤肥力较高的地区。全市降水丰沛，水网稠密，耕地的灌溉条件好。全市水田面积占耕地面积的93.76%，比全省平均数高33.06个百分点。水田占比大，有利于粮食作物的高产稳产。

（3）土壤污染和水土流失比较严重。一方面，乡镇企业大量排放废水、废气、废渣；另一方面，在农业生产过程中不合理地、过量地施用化肥、农药，造成耕地的污染和破坏，耕地水土流失比较严重。

（4）耕地后备资源不足。扬州市土地的开发利用程度很高，垦殖指数高达48.67%，高于江苏省平均数5.47个百分点，如此高的比例，不只是在我国，在世界上也不多见。因此，扬州市可供开发的后备耕地资源较少。

1.2.1.2 扬州市耕地资源的动态变化及原因

（1）动态变化。新中国成立以来，扬州市耕地面积总体上呈现减少的趋势。根据《扬州统计年鉴》，扬州市耕地资源的动态变化可分为三个时期：第一个时期是1949—1956年，是耕地面积净增长期，这是因为政府鼓励开荒，而非农建设用地相对较少。第二个时期是 1957—1978 年，是耕地面积减少较快期，平均每年减少耕地 5.95 万亩。在这一时期，土地管理制度不健全，耕地占用的随意性较大，耕地减少量、减少速度激增。第三个时期是 1979—1996 年，是耕地面积减少较慢期，平均每年减少耕地 2.33 万亩。1997 年农用地转用暂停审批后，扬州市耕地快速减少的势头得到了有效的遏制，但近几年来，耕地数量又呈现加速减少的趋势。

（2）耕地面积减少的原因。由统计分析结果可知，农业建设、非农建设和农业结构调整占用耕地是耕地面积减少的主要原因。

农业建设占用耕地。农田基础设施、水利骨干工程等农业建设占用耕地是耕地面积减少最重要的原因。1991—1996 年农业建设占用耕地占同期耕地总减少量的 39.45%。

非农建设占用耕地。1991—1996 年非农建设占用耕地占同期耕地总减少量的 31.65%，其中主要是国家基本建设和集体建设占用。

农业结构调整占用耕地。由于耕地的效益只有同面积果园、鱼塘效益的一半左右，近年来，在农业内部比较效益的作用下，一些地方在耕地上种果树、挖鱼塘，占用了大量耕地。1991—1996 年，农业结构调整占用耕地占同期耕地总减少量的 28.72%。

1.2.1.3 扬州市耕地资源可持续利用的对策 根据扬州市耕地资源的特点和保证社会经济可持续发展战略的要求，对今后扬州市耕地资源的利用和保护，提出如下对策建议：

（1）树立可持续发展观，强化耕地保护意识。持续利用耕地资源，保持耕地数量上的平衡和质量上的稳定，是实现农业生产和社会经济稳定发展的基础，也是建立可持续发展社会的重要任务。因此，要多渠道、多途径地开展各种形式的宣传教育工作，树立保护耕地的紧迫感、危机感和责任感，使节约用地和保护耕地成为全市人民的共识。

（2）科学规划，强化管理。市政府部门应按照国家实现耕地总量动态平衡的战略目标，根据经济规律、自然规律和科学规律编制土地利用规划。同时，县、乡、村也要制定土地利用规划。

进一步落实我国土地的基本政策，培育规范的土地市场，强化政府对土地的集中统一管理。加大土地的立法、执法力度，使土地管理步入法制化、规范化的轨道。

（3）限制各项占地，扼制耕地总量减少。各级政府和土地管理部门要依照国家制定的行业用地标准，严把批地关，扼制各种浪费土地、滥用耕地的行为。今后城乡建设、乡镇企业及其他非农建设应坚持走内涵式发展道路，尽可能利用非耕地，提高土地利用率。严格控制城镇用地规模，促进旧城区改造。搞好村镇建设规划，严格控制村庄规模，严禁农民建房乱占耕地。合理进行农业内部结构调整，严格控制挖鱼塘、栽果树占用耕地，尽量利用四荒土地，以保证农业内部结构调整不占用或尽量少占用耕地。

各项建设和农业结构调整一定要占用耕地，应按规定经过有关部门批准，并开垦1.5倍以上耕地作为补偿，实行先开垦后占用，在一定范围内耕地开复垦多少占用多少，不能开复垦的，原则上不能占用。

（4）积极推进土地整理，增加有效耕地面积。在扬州市大部分地区，农田中不同程度地分散着一些闲散地、废沟塘、取土坑等，如加以复垦开发，可增加一定数量的耕地。据调查统计，通过土地整理，可增加耕地8％左右，同时，还可以改善农业生产条件和环境，增加农民收入。

（5）加强农业基础建设，稳步提高耕地质量。根据扬州市人多地少的现状，耕地开发应以内涵挖潜为主进行深度开发。进一步加强农业基础建设，不断改善农业生产条件，稳步提高耕地质量。

扬州市地势低平，洪涝灾害比较普遍。因此，必须进一步加强农田水利建设，增强抵御洪涝灾害的能力。积极整治河道，加固堤防，整修病涵病闸，提高整体防洪能力。合理规划，保证一定面积的滞涝区，涝年分批滞涝。健全农田排灌系统，提高排涝降渍能力。

综合治理中低产田，使其逐步向高产稳产农田转化，是实现耕地资源可持续利用的关键。应针对各种低产土壤的特点，采取多种措施，改进土壤结构，提高土壤保肥保水性能。通过养畜积肥、种植豆科绿肥、沤制堆肥以及秸秆还田等方法合理开发利用有机肥。同时，针对土壤所缺的元素，因土施用化肥，以协调氮、磷、钾及微量元素失调的矛盾。

（6）加强农业环境保护，不断改善农业生态环境。深入研究扬州市农业生态环境的特点及发展规律，因地制宜地搞好农业区域综合开发，提高耕地生态系统的稳定性和自我调节能力，将外界干扰引起的耕地破坏减少到最低限度，确保农业生态环境良性发展。

大力加强农田林网和四旁绿化建设，坚决制止乱砍滥伐，提高森林覆盖率。在水土流失较重地区还应兴建一系列必要的配套工程，生物措施和工程措施相结合，以提高水土保持能力。

加强环境保护，严格执行国家有关资源与环境保护管理的相关法规，切实控制三废排放。积极发展生态农业，合理施用化肥、农药，努力保持生态平衡，逐步建立良好的农业生态环境。

（7）努力推进科技进步，提高农民的科技文化素质。科学技术是第一生产力，实现耕地资源的可持续利用，关键靠科技进步。要尽可能地加大对农业科技的投入，充分利用扬州大学农学院、江苏里下河地区农业科学研究所较强的农业科研力量，大力加强农业高新技术研究。加速科技成果的推广应用，使其尽快转化为现实生产力。

必须大力发展农村科教事业，积极实施星火计划和燎原计划，建立农业科技推广的教育网络，多渠道、多形式地提高劳动者的文化技术素质。通过加强农村科技教育，培养高素质的劳动者，充分发挥他们的能动作用。

1.2.1.4 扬州市土地利用的特征

（1）土地利用方式多样，结构地域差异明显。扬州市土地类型较为复杂，宝应县、高邮市等里下河湖荡地区与仪征等丘陵岗地在土地利用上存在较大差异，主要表现在农用地内部结构、建设用地占比、土地后备资源占比等方面，以仪征市和高邮市为例：仪征市农用地中园地占 12.3%、林地占 3.6%，而高邮市农用地中园地和林地只占 1.9% 和 0.7%；建设用地占比，仪征市为 29%，明显高于高邮市 11.8% 的水平；在土地后备资源方面，仪征市未利用地占土地总面积的 0.6%，后备资源匮乏，而高邮市未利用地占土地总面积的 32.6%，后备资源十分丰富。

（2）土地垦殖指数高，耕地比例大。扬州市农耕历史悠久，是全国土地集约化利用程度较高的地区之一，耕地垦殖指数高达 47.73%，略高于江苏省平均水平（47.35%），为全国平均水平（9.9%）的 4.8 倍，接近世界平均水平（12.2%）（国土资源部，《中国国土资源年鉴》，2005 年）的 4 倍，若加上园地和交通、工矿与居民点等建设用地，则全区土地开发利用率接近 80%，其中还不包括水面开发利用部分。

扬州市农用地占土地总面积的比例一直较高，虽然改革开放以来，随着人口的增加和经济的增长，建设占用了一定数量的农用地，但农用地的占比依然比较高，2006 年全市农用地占土地总面积比例达 64.3%；农业用地中耕地与园地、林地、牧草地等其他农用地面积的比例为 2.87：1；其中耕地占土地总面积的 48%，高于江苏省的平均水平（46%），为全国平均水平（12%）（国土资源部，《中国国土资源年鉴》，2005 年）的 4 倍。

1.2.1.5 耕地数量与变化

1985—1991 年，耕地快速递减，年递减率为 0.4%～0.7%。这一阶段乡镇企业开始发展壮大，大部分农民开始改革开放后的第一轮建房，占用了大量的耕地，1988 年起，扬州市土地管理局成立，土地使用得到了规范管理，同时，按照国务院的政策要求，加大了土地复垦开发整理的力度，补充了不少的耕地，因此耕地数量并没有急剧下降。1992—1996 年急剧递减，年递减率为 0.7%～1.3%。这一时期全国各地陆续建立经济技术开发区，扬州市也加大基础设施建设，耕地被大量占用，同时由于水产品价格较高，受利益驱动，毁田挖鱼塘之风盛行，耕地被大量毁坏，而新增耕地数量少，造成耕地急剧减少。1997—2001 年，年递减率为 0.1%～0.4%。这一时期，国家实行了最严格的土地用途管制措施，特别是 1997 年全国范围内农用地转为建设用地暂停审批一年，耕地数量递减较慢。2002 年至今，耕地年递减率在 0.7%以内。

目前经济发展和人口因素是扬州市耕地数量变化的主导驱动力，在人口控制上，计划生育措施也已经十分严格，但人口基数大，而且外来人口还会进一步增加，人口增长不可避免。在经济发展方面，其态势也不可逆，因为发展是硬道理，只能从集约利用上考虑。下面针对扬州市土地利用的现状，就保护耕地、缓解日益突出的人地矛盾、实现社会经济可持续发展提几点参考意见：

（1）坚持土地集约利用，提高土地利用效益。耕地数量不断减少是经济发展过程中的一个必然现象。其波动趋势与经济发展的周期大体一致，随着扬州市外部条件和内部条件的逐步改善，扬州市经济已进入快速发展期，固定资产投资也会相应加大，必然会占用耕地，如何协调好经济发展与耕地保护的矛盾，改变产业规模的单纯依靠占用耕地扩张的低效、粗放模式是关键。充分运用市场机制调节城市土地的供求关系，使用地单位从经济效果和本单位的经济利益出发，把多余或低效利用的土地通过市场有偿地转让以扩大土地供应量，提高土地的利用效益，同时，从内涵扩张和集约经营的层面处理好闲置土地，进行存量土地置换，对原有土地进行二次开发或内涵性再开发。从而扭转经济发展与耕地保护的简单逆相关关系，实现经济发展与耕地保护的良性循环。

（2）加大农业公共投资，提高农民务农收益。提高农业的比较效益能够提高农民保护耕地的积极性，能有效地对抗耕地转化的压力。而由于农产品的收入弹性较低，农业比较效益提高的难度很大。而以农民一己之力显然是不切实际的，可行的途径是加大农业公共投资的力度，通过公共投资对私人成本的替代，使生产者在私人物质投入不变的情况下得到更高的单位面积产量，或者在产量不变的情况下降低必需的私人成本，或者在增加一定私人成本投入的同时得到更高的产量，其结果是农民的务农收益提高。农业的公共投资包括农业科研投入、农业灌溉系统改善、农业技术推广体系、农产品市场流通体系等。在耕地转用的过程中，通过征收耕地占用税、收取土地出让金等加大基本农田的建设和大规模的土地综合整理，改善农业生产的硬件设施，提高粮食单产，既有利于保障粮食安全，又有利于提高农民务农的收益，从而提高农民保护土地的积极性。

（3）加大土地开发整理力度，增加耕地数量。扬州市人多地少，可开发的耕地后备资源有限，但仍存在部分荒草地、挖废地可供开发复垦，针对扬州市农村居民点较为分散的现状和农地细碎化的特点，综合整治农田中的零星闲散地、道路、田坎、废弃坑塘，完善水利设施，改善田间交通条件能有效地增加耕地数量，按照规划有序开展零星耕地整合归并工作，并废弃耕地进行复垦整理，逐步形成农村居民成片居住的格局，严格执行宅基地标准，提高农村居民点集约利用土地的程度，也可以达到增加耕地的目的。

（4）转换耕地保护重点，注重耕地质量的提高。扬州市土地的垦殖率已经较高，现存的后备资源一般是自然条件较差的边际地。保持耕地总量动态平衡，最终是为了保障粮食安全，可以通过改造中低产田提高粮食单产，保持粮食生产能力。

1.2.2　种植制度的演变与建议

种植制度是一个地区或生产单位的作物组成、配置、熟制与种植方式的总称。它与当地农业资源和生产条件相适应，与养殖业和加工业生产相联系，是耕作制度的主体、农业生产的核心，其发展和变革是与自然资源、技术条件、社会需求和社会状况分不开的。

1.2.2.1　种植制度的演变　扬州市的种植制度改革大约经过了三个过程：

第一个过程是 1978 年以前，种植业生产随着生产关系的变革和生产条件的不断改善，推行了旱改水、沤改旱、单改双的耕地制度改革，充分利用和发挥各地自然资源的优势，收到了趋利避害、扬长避短和大幅度提高粮棉产量的效果。1978 年与 1949 年相比，全市粮、棉总产量由 64.49 万 t 和 161.00 t 提高到 202.49 万 t 和 13 275.00 t，增长了 3.14 倍和 82.45 倍。种植业的发展促进了整个农业的发展，农业总产值有了大幅度的提升。这一时期，绿肥的种植在扬州市范围内迅速发展，冬绿肥面积由 1952 年的 20.81 万亩左右增加到 1978 年的 206.42 万亩。加上生猪养殖的发展，农业有机肥源充足，对培肥改土提高粮食生产、促进畜牧业和整个农业生产的发展起过重要作用。但由于主观片面地追求粮食产量、不适地域地提高复种指数，导致增产与增收、用地与养地、农业与乡镇工副业以及劳力、肥料等方面的诸多矛盾，限制了农业生产的全面发展，经济增长不快。

第二个过程是 1978 年以后，农村实行了经济体制改革，充分调动了农民的生产积极性，促进了农业生产的全面发展，农业生产由过去的单一粮食生产转向粮经结合，由单一的种植业转向农、副、工、种、养、加结合。种植制度的发展体现了"决不放松粮食生产，积极发展多种经营"的方针，各农区在巩固麦稻、麦棉、油稻等主干种植方式的同时，充分利用间套复种发展小宗经济作物，形成多形式多作物的多熟种植制度。如麦/瓜—稻、麦/瓜—菜、麦—稻＋鱼、麦/玉米—稻及小宗经济作物的纯作间套复种的庭院立体农业，大大丰富了种植形式，使粮经作物协调发展、内部结构渐趋合理，同时实现了增产与增收。

第三个过程是近年来从高产高效种植实践与理论探讨逐步走向种植业结构调整与优化，大力发展高效农业、特色农业。为了将特色农业做大做强，一批大型企业如超大现代农业集团、江苏畅博彩色园林有限公司、宝应县馨生花卉种苗有限公司落户高效农业区，红太阳鸭蛋、宝应大闸蟹、馋神风鹅等一大批品牌走向大超市、大宾馆、大都市。全市农业的市场竞争力大大提高，农业总产值大幅度增加，农民的收入稳步提高。

1.2.2.2　种植制度建议　随着我国农业发展进入新阶段，种植制度的研究与演变又呈现新趋势：①可持续农业是种植制度改革与发展的基本方向；②种植结构调整是农业生产持续发展的核心问题；③持续高效是种植制度改革与发展的最终目标。结合扬州市实际，要稳定粮食播种面积和主干种植制度，应主攻粮食单产优势，腾出面积大力发展高效农业、特色农业。要实行多种形式的科学轮作，防止地力偏耗，减轻病、虫、草害。要坚持秸秆还田，适当间套绿肥或种植兼养型作物，用地与养地结合，改善农田土壤环境，促进、保障扬州市农业稳定持续发展。

1.2.2.3　土壤耕作方法及建议　土壤耕作是一定的轮作制度下的一种重要土壤管理技术。不同的轮作制度、不同的作物都有不同的耕作管理方法，人们往往遵循比较稳定的模式，形成一种耕作制度。这种制度一旦形成，不仅对作物产量的高低有影响，对土壤肥力的提高和衰退也有直接的影响。苏联土壤学家威廉斯说过"没有不良的土壤，只有不良的耕作方法"。可见土壤耕作是改善土壤环境、培肥土壤、提高作物产量的关键性技术。

（1）耕作方法。土壤耕作制度与作物种植制度关系密切，伴随着对作物种植制度的改革，扬州市对耕作方法也进行了相应的调整。目前，扬州市耕作方法主要有常规耕作、少耕、免耕、麦（油）套稻。常规耕作是指用犁或铁锹疏松和翻转土壤的耕作层，主要包括旱耕、水耕、深耕、浅耕等。少耕即尽量减少耕作次数、耕作程度、耕作面积比例，或者只在表层土壤操作，一次完成多种作业。免耕又称零耕，即不进行任何耕作，播种于前茬土壤内，播植前不进行镇压等农机具作业，以后也不需进行中耕，依靠生物活动（包括作物根系、土壤小动物及微生物等）实现自然耕作。我国著名土壤学家侯光炯创立的自然免耕法的要诀是"连续免耕不要翻，连续垄作不要忘，连续覆盖不要光，连续植被不要荒"。麦（油）套稻是指在麦子灌浆（油菜结角）中后期，将处理后的稻种直接散播到麦（油）田地表，麦（油）稻共生的一种耕作方法。

（2）耕作方法建议。不同耕作方法对耕地质量的影响是不一样的。所以在选用耕作方法时不仅要考虑提升耕地质量，还要考虑能产生巨大的社会效益、经济效益、生态效益。例如，免少耕法具有保持土壤水分、减少土壤侵蚀等优点。但是采用免耕法，只能将肥料施于土壤表层，肥料的利用率降低，特别是有机肥料培肥土壤的作用大大降低。多点试验及生产实践均证明，不管什么类型的土壤，长期免耕必然造成土壤肥力的下降，从而影响耕地质量的提高。麦（油）套稻连作能提高粮食产量，经济效益显著，实现了秸秆自然还田，解决了秸秆禁烧难题，提高了土壤有机质、有效磷、速效钾含量，降低了土壤容重，大大提升了耕地质量。但麦（油）套稻连作后，表层土壤养分富集，耕层厚度降低，可在连作两年后耕翻一次，结合在开沟时进行轮位开沟，实现上下土层交换。所以应结合当地的轮作计划，选择适合的茬口，以麦（油）套稻耕作为主体，与其他耕作方式进行交替，定期耕翻、深耕、浅耕、免耕有机结合。从而较好地解决"结构与供求""复种与农时""用地与养地"的关系。以利于协调多方面的矛盾，达到社会效益、经济效益、生态效益同步提高的目的。

1. 2. 2. 4　农田基础设施

（1）农业机械。根据刘绍贵（2020）的研究，农机质量的好坏直接影响农业生产效率和农机作业安全。截至 2017 年底，扬州市轮式拖拉机、水稻插秧机、谷物烘干机保有量分别为 9 054 台、8 882 台和 2 764 台，这 3 种机械是扬州市农业生产的主要机械，也是重点补贴机械。

（2）水利设施。

① 里下河洼地沤改旱。扬州市里下河农业区是东、南、西三面略高的碟形洼地，由于地势低洼，长期受外洪内涝威胁，形成了大面积常年积水的一熟沤田。新中国成立初期当地农民全年只种一季水稻，其余时间该地区处于淹水沤田的状况，虽然土壤有机质含量很高，但土壤阴冷、结构不好，土壤肥力难以发挥，一般亩产只有 150 kg 左右。

1955 年华东农业科学研究所和江苏省农业综合试验站组成苏北里下河地区水稻工作组，在高邮县进行沤改旱的试验研究，提出降水抬田、增施磷肥、实行水旱轮作的沤改旱措施，取得了巨大的成功。在各级政府的推动和组织下，里下河地区全面推广沤改旱技术，大兴水利工程，开挖大型排水河道，建筑堤圩、桥梁，兴建排灌站和涵闸，沤改旱面积逐年扩大，到 1978 年基本完成了里下河地区的沤改旱工作。

改旱前的沤田土壤淤泥层深，通透性差，还原性强，有毒物质多，潜在肥力虽高但有效肥力低。沤改旱后,改一熟稻田为稻麦两熟农田。小麦生长期间通过各种排水设施将地下水位控制在 80 cm 以下,种麦时配合深耕晒垡,土壤的理化性状得到了很大的改善,水、肥、气、热比较协调,有效肥力显著提高,耕地质量发生了彻底的变化,三〔大麦、小麦、青稞(元麦)〕麦亩产基本稳定在 250 kg 以上,水稻单产超过了 450 kg,年产量比新中国成立初期增加了 3 倍多。

② 高沙土地区旱改水对耕地质量的影响。扬州市老通扬运河以南高沙土地区,历史上是由长江三角洲的各河口连接而成的,地势呈现一定的波状起伏,核心地带则为微凸起的龟背田。该区河道稀少,河流及坑塘水域只占土地面积的 7%,即使有自然降水,亦无足够的沟河塘库拦蓄;遇到涝情,没有排水出路,只能由高田向低洼处漫流,造成高田水土流失,而低地洼田则有雨必成涝。该地区只能种旱谷,每亩产量只有 75 kg 左右。

自 1955 年开始,扬州市政府实施大规模的旱改水工程,组织农民兴修农田水利和平田整地,建设机电排灌设施,到 20 世纪 70 年代后期,该地区的骨干河道及中、小沟河网基本形成,初步实现了旱能灌、涝能排,农业生产条件发生了很大的变化,农田有效灌溉面积达到了耕地总面积的 80% 以上,条件好的地方改原来的纯旱作为稻麦两熟;条件差一点的地方改原来的望天田为水浇地,改原来低产的谷子为高产的玉米,粮食产量也有大幅度的提高。根据江都区的调查和化验资料,旱田改水旱轮作降低了有机质的矿化强度,增加了有机质积累,旱改水 10 年后,耕层土壤物理黏粒含量增加一倍多,有机质增加 20%,氮、磷、钾含量也有不同程度的提高。

为进一步改善高沙土地区农业生产条件,1989 年扬州市政府将该区粮食平均年单产低于 500 kg 的乡镇(包含现属于泰州市的泰兴市、姜堰区部分乡镇)列入扬州市国民经济"八五"发展计划的百万亩低产田改造工程项目,这些乡镇经多年旱改水治理,骨干水系已基本形成,但田间排灌工程差、易涝易旱、土壤质地沙、有效土层薄、养分含量低、保水保肥性能差,是典型的沙漏贫瘠型土壤。在前期旱改水的基础上,扬州市政府用了 6 年的时间对项目区进一步进行农田基础设施建设,改善了农业生产条件,提高了地力等级。

③ 百万亩改造工程。20 世纪 60 年代以来,扬州市人口逐年增加,粮食需求相应也有较快的增长,耕地数量却日益减少;20 世纪 90 年代以来,全市人口平均每年以 3.4% 的速度递增,耕地数量却以每年 9.7% 的速度递减,社会需求不断增长与耕地面积日益减小的矛盾愈加突出,直接影响到全市国民经济的协调发展。为在有限的耕地上生产更多的粮食,扬州市从 20 世纪 90 年代以来实施了百万亩吨粮田建设和百万亩低产田改造两大工程。

百万亩吨粮田建设工程。

该项目由扬州市农业局组织实施。项目区包括沿江农业区、沿运农业区和里下河农业区 18 个乡镇，主要建设内容包括改善灌溉和排水基础设施、推广多种形式的秸秆还田技术、推广配方施肥技术等。按照吨粮田验收标准，年亩产超过 950 kg 即为建成吨粮田（稻：棉＝1：8，麦：油＝1：2.5），截至 2000 年，扬州市共建成吨粮田 40 多万亩。

百万亩低产田改造工程。

"八五"期间，扬州市以科技为先导，综合应用治理技术，在通南高沙土地区的 30 个乡镇集中连片实施了百万亩低产田改造工程。这项工程以农田水利建设为主体，以粮食产量、土壤肥力和经济效益三个同步提高为总体目标；以旱改水为主要手段；综合采用农业基础设施配套、扩种绿肥、增施有机肥、推广平衡施肥技术等措施，对低产农田进行综合治理、全面改造。

百万亩低产田改造工程实施后，项目区农田水利基础设施得到彻底改造，标准化农田配套率提高到 90％以上；平均地力提高一个等级；粮食产量显著提高，水稻亩均增产 81 kg，小麦亩均增产 57.5 kg，棉花亩均增产 25.26 kg。截至 2000 年，全市共改造低产田 50 万亩。

项目区通过中低产田改造不仅有可观的经济效益，其社会效益也极为显著。主要表现为以下四个方面：

一是农业生产条件明显改善。项目区 95％以上的农田建成了旱涝保收的高产稳产农田。

二是农村面貌发生了深刻变化。项目区范围内土地平整，格田成方，道路纵横，树木成荫，村镇建设规范。尤其是各地新建的泵站工程设计新颖，外形美观，风格独特，已成为江北农村的新景点。

三是种植结构进一步优化。由于水稻种植面积增大，粮食产量逐年提高，发展经济作物的空间增大。项目区内水稻面积由改造前的 127 万亩增加到 2000 年的 286 万亩。蔬菜、经济林果、特经作物种植面积实现了翻番。

四是农民增收幅度较大。项目区农民 1995 年人均收入仅 1 078 元，1998 年实际人均收入达到 2 721 元，平均每年净增 548 元。

百万亩低产田改造工程主要包括以下几项措施：

一是大规模地进行平田整地和建设电灌站、引排水体系，建设标准化农田，改纯旱作为水旱轮作。项目实施 6 年间共完成土方 6 038 万 m³，新建、改建电灌站 364 座，新建涵洞、小型农桥 14 536 座，农田生产条件得到了根本的改变，90％以上的农田实现了旱能灌、涝能排、渍能降，旱涝保收抗灾能力显著增强。

二是全面推广应用吸喷泥泵机械吸取红江泥进行客土改良，增加土壤黏粒含量。据典型田块调查，每亩施 8 m^3 红江泥，耕层土壤物理性黏粒含量从 17.7％提高到 21.8％，土壤容重由原来的 1.51 g/cm^3 降到 1.31 g/cm^3。亚耕层土壤物理黏粒含量从 15.7％提高到 19.8％，土壤保水保肥的能力有很大的改善。

三是全面采用引浑江水灌溉和增施有机肥、种植绿肥、秸秆还田等综合培肥措施，全面提高土壤肥力。

百万亩低产田改造工程取得了极大的成功，从根本上改变了项目区的农业生产条件，标准化农田的灌排配套率由 41％提高到 89％。据定点田块调查，土壤有机质增幅达 15％，有效磷增幅达 59％，速效钾增幅达 2％，土壤的理化性状得到了很大的改善，水、肥、气、热比例协调，有效肥力显著提高。稻麦两熟农田亩产一般达到 770 kg，有些田块达到了 1 000 kg，受到了当地农民和国内外专家的高度好评。

第2章 耕地质量评价方法

2.1 采样

2.1.1 采样方法

基于耕地资源管理信息系统完成对扬州市 1∶50 000 土地利用现状图、1∶50 000 土壤图和 1∶50 000 行政区划图三图叠加形成扬州市耕地资源管理单元图,按照均匀布点原则,综合考虑土壤类型、作物布局以及第二次土壤普查农化样点,确定每 12～30 hm² 布设一个样点来形成扬州市采样点分布图。然后,再将样点逐个转绘到 1∶10 000 土地利用现状图上,供野外调查取样时使用。

2.1.1.1 大田作物土壤采样方法 稻田土壤样品采集在水稻收获后进行。首先,根据样点分布图的位置,到点位所在的村庄,确定具有代表性的田块,依据 GPS(全球定位系统)定位仪确定采样点位置。然后,向农户了解采样田块的农业生产情况,按调查表格的内容逐项进行填写。最后,在该地块采集土壤样品。样品采集深度为耕层 0～20 cm,采用 S 形布点法均匀随机采取 15 个采样点,充分混合后,用四分法留取 1.5 kg 土样,采样工具用专用采样器。

2.1.1.2 蔬菜地土壤采样方法 蔬菜地土壤采样在蔬菜收获后空茬时进行。首先根据样点分布图的位置,到点位所在的村庄,确定具有代表性的田块,依据 GPS 定位仪确定采样点位置。然后向农户了解蔬菜地的种植年限、主要蔬菜种类、施肥水平、耕作管理和效益等农业生产情况,并按调查表格的内容逐项进行填写。最后在该地块采集土壤样品,大棚耕地土样限于同一个棚内,耕层样采样深度为 0～25 cm,心土层采样深度为 25～50 cm。采样方法同大田作物土壤。

2.1.2 调查内容

调查内容是调查工作的核心,决定着调查成果的质量。耕地质量调查内容包括以下几个方面:①与耕地质量评价相关的采样地块基本情况调查,包括耕地自然环境条件、地理位置、生产条件、土壤情况、来年种植意向等。②耕地质量等级调查,包括自然环境条件、地理位置、生产条件、土壤情况等。③与农户农业生产管理相联系的农户施肥情况调查，包括施肥相关情况、推荐施肥情况、实际施肥总体情况，实际施肥明细等。

野外调查设计了3个表格：采样地块基本情况调查表、耕地质量等级调查内容、扬州市采样地块施肥情况调查表。

2.1.3　调查步骤

2.1.3.1　资料准备

（1）文字资料。区、镇、村行政编码表，《扬州市土壤志》，第二次土壤普查农化样点资料，历年土壤肥力监测点田间记载及化验结果资料，历年肥情点资料，土地利用现状分类统计资料，农田灌、排情况统计等。

（2）图件资料。1∶50 000 地形图，1∶50 000 和 1∶10 000 土地利用现状图，1∶50 000 土壤图及其他土壤普查成果图，1∶50 000 行政区划图，排涝模数和灌溉模数图，1∶50 000 第二次土壤普查农化样点点位图和剖面点位图，主要污染源点位图等。

2.1.3.2　采样点布设　根据布点原则，首先对 1∶50 000 土地利用现状图、1∶50 000 土壤图和 1∶50 000 第二次土壤普查农化样点点位图进行叠加，先在叠加形成的工作图上进行采样点布设，然后将样点逐一转绘到 1∶10 000 土地利用现状图上。

2.1.3.3　野外农户调查和取样　根据点位图，到点位所在的村庄，确定具有代表性的田块，用 GPS 定位仪进行定位；然后按照调查表格的要求，完成对农户的访问；最后采集土壤样本。

2.1.3.4　调查资料整理与计算机录入　野外工作结束后，对调查收集的资料进行整理，并按农业农村部提供的录入系统进行计算机录入。

2.2　样品分析

2.2.1　分析项目

根据扬州市耕地质量调查与质量评价指标体系，选择了对农作物生长和品质影响较大、具有全局性影响的重点元素作为分析项目。

土壤理化指标测定项目包括有机质、全氮、碱解氮、有效磷、速效钾、缓效钾的含量及 pH，选择性测定有效铁、有效锰、有效铜、有效锌、有效硼、有效钼、有效硫、交换性钙、交换性镁等的含量及水溶性盐等，部分土样加测重金属元素（铬、镉、铅、砷、汞）含量，代表性地块测定土壤容重及耕层厚度等。

2.2.2　分析方法

分析化验参照农业农村部《全国耕地地力调查与质量评价技术规程》中规定的测试分析方法进行。土壤样品分析项目与方法具体见表 2-1。

表 2-1　土壤样品分析项目与方法

分析项目	测试方法	执行标准
pH	电位法，土液比 1∶2.5	GB/T 33469—2016
有机质	重铬酸钾-硫酸-油浴法	GB/T 33469—2016
有效磷	氟化铵-盐酸提取-钼锑抗比色法	NY/T 1121.7—2014
速效钾	乙酸铵提取-火焰光度法	NY/T 889—2004
全氮	凯氏蒸馏法	NY/T 53—1987
土壤铵态氮	比色法	NY/T 1849—2010（中性、碱性土壤） NY/T 1848—2010（酸性土壤）
土壤硝态氮	酚二磺酸比色法	GB/T 32737—2016
缓效钾	硝酸提取-火焰光度法	NY/T 889—2004
有效态铜、锌、铁、锰	DTPA 提取-原子吸收光谱法	NY/T 890—2004
有效钼	草酸-草酸铵-极谱法	NY/T 1121.9—2012
有效硼	姜黄素比色法	NY/T 1121.8—2006
有效硫	磷酸盐-乙酸提取-硫酸钡比浊法	NY/T 1121.14—2006
有效硅	柠檬酸浸提-硅钼蓝比色法	NY/T 1121.15—2006
交换性钙和交换性镁	乙酸铵-原子吸收光谱法	NY/T 1121.13—2006
土壤水分	烘干法	NY/T 52—1987
土壤容重	环刀法	GB/T 33469—2016
土壤阳离子交换量	EDTA-乙酸铵盐交换法	NY/T 1121.5—2006

2.2.3　实验方法

2.2.3.1　实验室基本要求　样品测试单位具备有一定资质的实验室，配套的仪器设备较为先进，拥有完整的实验室质量保证体系。所有样品均已委托经过检验检测机构资质认定的单位完成了检测任务。

2.2.3.2 基础实验

（1）全程空白值测定。每次做 2 个平行样，连测 5 d 共得 10 个测定结果，批内偏差 Swb 按式（2-1）计算：

$$Swb = \left[\sum (X_i - X_{平})^2 / m(n-1) \right]^{1/2} \qquad (2-1)$$

式中：n 为每天测定平均样个数；m 为测定天数。

（2）检出限。根据空白值测定的批内标准偏差（Swb）按式（2-2）计算检出限（95%置信水平）。若试样一次测定值与深度试样一次测定值有显著性差异，检出限按式（2-2）计算：

$$L = 2 \times 2^{1/2} t_f - Swb \qquad (2-2)$$

式中：L 为方法检出限；t_f 为显著水平为 0.05（单侧）自由度为 f 的 t 值；Swb 为批内空白值标准偏差；f 为批内自由度，$f = m(n-1)$，m 为重复测定次数，n 为平行测定次数。

原子吸收分析方法中按式（2-3）计算检出限：

$$L = 3Swb \qquad (2-3)$$

分光光度法以扣除空白值后吸光值为 0.01 时对应的浓度值为检出限。

（3）校准曲线。标准系列设置 6 个以上浓度点。根据一元线性回归方程进行计算：

$$y = a + bx \qquad (2-4)$$

式中：y 为吸光度；x 为待测浓度；a 为截距；b 为斜率。

每批样品皆做校准曲线。校准曲线相关系数力求 $R \geqslant 0.999$，有良好的重现性，且即使校准曲线有良好的重现性也不长期使用；待测液浓度过高时不任意外推；大批量分析时每测 30 个样品用一标准液校验，以查仪器灵敏度漂移。

（4）精密度控制。凡可以进行双样分析的项目，每批样品每个项目分析时测定 20%平行样品，5 个样品以下增加到 50%以上。平行双样测定结果的误差在允许误差范围之内者为合格。平行双样测定全部不合格时，重新进行平行双样的测定；平行双样测定合格率≤95%时，除对不合格者重新测定外，再增加 10%～20%的测定率，如此累进，直到总合格率在 95%以上。

（5）准确度控制。

① 使用标准样品或质控样品。例行分析时，每批带质控平行双样，在测定的精密度合格的前提下，质控样测定值在质控样保证值（95％置信水平）范围之内，否则本批结果无效，需重新分析测定。

② 加标回收率的测定。当选测的项目无标准物质或质控样品时，用加标回收实验来检查测定准确度。在一批试样中，随机抽取 10％～20％ 的试样进行加标回收测定。样品不足 10 个时，适当增加标比率。每批同类型试样中，加标试样不应小于 1 个。加标量视被测组分的含量而定。含量高的加入被测组分的总量不得超出方法的测定上限。

（6）异常结果。发现有异常结果时的检查与核对，判断一组数据中是否有异常值，用数理统计法加以处理观察，采用 Grubbs 法，详见式（2-5）。

$$T_{计} = |X_k - X| / S \qquad (2-5)$$

式中：X_k 为怀疑异常值；X 为包括 X_k 在内的一组平均值；S 为包括 X_k 在内的标准差。

将一组测定结果从小到大排列，根据式（2-5），X_k 可为最大值，也可为最小值。根据计算样本容量 n，查 Grubbs 检验临界值 T_a 表，若 $T_{计} < T_{0.01}$，则 X_k 不是异常值。

2.3　耕地质量评价

耕地质量是指由耕地地力、土壤健康状况和田间基础设施构成的满足农产品持续产出和质量安全的能力。其中耕地地力是指在当前管理水平下，由土壤立地条件、自然属性等相关要素构成的耕地生产能力；土壤健康状况是指土壤作为一个动态生命系统具有的维持其功能的持续能力，用清洁程度、生物多样性表示；农田基础设施包括田、林、路、电、水。

2.3.1　评价依据

耕地质量评价采用国家标准《耕地质量等级》（GB/T 33469—2016）要求，即通过 3S ［地理信息系统（GIS）、遥感（RS）、全球定位系统（GPS）］技术建立耕地资源管理信息系统，对收集的资料进行系统的分析和研究，并综合应用相关分析、因子分析、模糊评价、层次分析等数学原理，结合专家经验并用计算机拟合、插值等方法构建一种定性与定量相结合的耕地生产潜力评价方法（图 2-1）。

图 2-1 耕地质量评价技术流程

2.3.2 评价指标

2.3.2.1 评价指标的确定原则

（1）重要性原则。选取的因子对耕地生产能力有比较大的影响，如地形因素、土壤因素、灌排条件等。

（2）差异性原则。选取的因子在评价区域内的变异较大，便于划分耕地质量的等级。如在地形起伏较大的区域，地面坡度对耕地质量有很大影响，必须列入评价项目之中；有效土层是影响耕地生产能力的重要因素，在多数地方都应列入评价指标体系，但在冲积平原地区，耕地土壤都是由松软的沉积物发育而成，有效土层深厚而且比较均一，就可以不作为参评因素。

（3）稳定性原则。选取的评价因素在时间序列上具有相对的稳定性，如土壤的质地、有机质含量等，评价的结果能够有较长的有效期。

（4）易获取原则。通过常规的方法即可以获取，如土壤养分含量、耕层厚度、灌排条件等。某些指标虽然对耕地生产能力有很大影响，但获取比较困难，或者获取的费用比较高，当前不具备条件。

（5）必要性原则。选取评价因素与评价区域的大小有密切的关系。如在一个县的范围内，气候因素变化较小，可以不作为参评指标。

（6）精简性原则。并不是选取的指标越多越好，选取的指标太多，工作量和费用都要增加。一般 8～15 个指标能够满足评价的需要。

2.3.2.2 长江中下游地区耕地质量等级划分指标 根据全国综合农业区划，结合不同区域耕地特点、土壤类型分布特征〔《中国土壤分类与代码》（GB 17296—2009）〕，将全国耕地划分为东北区、内蒙古及长城沿线区、黄淮海区、黄土高原区、长江中下游区、西南区、华南区、甘新区和青藏区九大区域。各区域耕地质量指标由基础性指标和区域补充性指标组成，其中，基础性指标包括地形部位、有效土层厚度、有机质含量、耕层质地、土壤容重、质地构型、土壤养分状况、生物多样性、清洁程度、障碍因素、灌溉能力、排水能力和农田林网化率 13 个指标。区域补充性指标包括耕层厚度、田面坡度、盐渍化程度、地下水埋深、酸碱度和海拔高度 6 个指标。耕地质量等级划分标准参照农业农村部制定的《全国耕地质量等级评价指标体系》划分标准，共划分为十个等级，耕地质量综合指数越大，耕地质量水平越高。一级地等级最高，十级地等级最低。长江中下游区耕地质量等级划分指标见表 2-2。

表 2-2 长江中下游地区耕地质量等级划分指标

指标	等级									
	一级地	二级地	三级地	四级地	五级地	六级地	七级地	八级地	九级地	十级地
地形部位	河流中下游平缓阶地、山间盆地、宽谷盆地、平坝、低塝田、下冲垄田、河湖冲积平原、河湖沉积平原、冲积海积平原、滨海平原		山间畈田、河流上游宽谷阶地、低丘坡田、缓塝田、缓丘坡田、冲垄下部、下部平原湖（圩）田、河湖冲积平原、河湖沉积平原、冲积海积平原、滨海平原		河谷低阶地、盆谷阶地、江河高阶地、丘陵低谷地、缓岗地、丘陵中部、丘陵下部、冲垄上部田、河湖冲积平原低洼地、河湖沉积平原低洼地、滨海平原洼地、新垦滩涂				河谷阶地、山间谷地、封闭洼地、高丘山地、丘陵谷地、山垄上冲田、丘陵上部、新垦滩涂	

（续）

指标		等 级									
		一级地	二级地	三级地	四级地	五级地	六级地	七级地	八级地	九级地	十级地
有效土层厚度（cm）		≥100			60～100			<60			
有机质含量（g/kg）		≥24（≥28）		18～40（20～40）			10～30（15～30）		<10（<15）		
耕层质地		中壤、重壤、轻壤			沙壤、轻壤、中壤、重壤、黏土			沙土、重壤、黏土			
土壤容重		适中				偏轻或偏重					
质地构型		上松下紧型、海绵型		松散型、紧实型、夹黏型			夹沙型、上紧下松型、薄层型				
土壤养分状况		最佳水平		潜在缺乏或养分过量			养分贫瘠				
土壤健康状况	生物多样性	丰富			一般			不丰富			
	清洁度	清洁、尚清洁									
障碍因素		100 cm 内无障碍因素或障碍层出现		50～100 cm 出现障碍层（潜育层、网纹层、白土层、黏化层、盐积层、焦砾层、沙砾层等），或有其他障碍因素			50 cm 内出现障碍层（潜育层、白土层、网纹层、盐积层、黏化层、焦砾层、沙砾层、腐泥层、泥炭层等），或有其他障碍因素				
灌溉能力		充分满足		满足			基本满足		不满足		
排水能力		充分满足		满足			基本满足		不满足		
农田林网化程度		高、中			中			低			
酸碱度		pH 6.0～8.0（pH 5.5～8.0）		pH 5.5～8.5（pH 5.0～8.5）			pH 4.5～6.5（pH 4.5～5.5）、pH 8.5～9.0（pH 8.0～8.5）		pH>9.0（pH>8.5）、pH<4.5（pH<5.0）		

注：括号中数值为水田耕地质量等级划分指标。

2.3.2.3 扬州市耕地质量评价指标体系 依据国家标准《耕地质量等级》（GB/T 33469—2016），扬州市属于长江中下游区，共确定了15个指标，分别为清洁程度、生物多样性、农田林网化、地形部位、有效土层厚度、质地构型、障碍因素、pH、容重、耕层质地、有效磷、速效钾、有机质、排水能力和灌溉能力。具体指标见表2-3。

表 2-3 扬州市耕地质量评价指标

A 层	B 层	C 层
耕地 质量 等级	健康状况	清洁程度、生物多样性
	立地条件	农田林网化、地形部位
	剖面性状	有效土层厚度、质地构型、障碍因素
	理化性状	pH、容重、耕层质地
	土壤养分	有效磷、速效钾、有机质
	农田管理	排水能力、灌溉能力

2.3.3 评价方法

选择好评价因子后，就要对各个因素进行隶属度和权重的评价。本书主要讲述模糊评价法。

（1）模糊评价法基本原理。模糊数学的概念和方法在农业系统数量化研究中得到了广泛的应用。它提出了模糊子集、隶属函数和隶属度的概念。

① 模糊子集，一个模糊性概念就是一个模糊子集，模糊子集取值为 0～1 的任一数值（包括两端的 0 与 1）。

② 隶属度：元素符合这个模糊性概念的程度。完全符合时隶属度为 1，完全不符合时隶属度为 0，部分符合取 0 与 1 之间的一个中间值。

③ 隶属函数：元素与隶属度之间的解析函数。根据隶属函数，元素的每个值都可以算出其对应隶属度。

（2）特菲尔法步骤。第一步：确定提问的提纲。列出的调查提纲应当用词准确，层次分明，集中于要判断和评价的问题。为了便于专家回答问题，通常还在提供调查提纲的同时提供有关背景材料。

第二步：选择专家。为了得到较好的评价结果，需要选择对问题了解较多的专家 10～50 人，少数重大问题可选择 100 人以上。

第三步：调查结果的归纳、反馈和总结。收集到专家对问题的判断后，应进行归纳。定量判断的归纳结果通常符合正态分布。在仔细听取了持极端意见专家的理由后，去掉两端各 25％ 的意见，寻找意见最集中的范围，然后把归纳结果反馈给专家，让他们再次提出自己的评价和判断。这样反复三四次后，专家的意见会逐步趋于一致。这时就可做出最后的分析报告。

（3）隶属函数模型。

① 戒上型函数模型。

$$y_i = \begin{cases} 0 & u_i \leqslant u_t \\ 1/[1+a_i(u_i-c_i)^2] & u_t < u_i < c_i (i=1, 2, \cdots, m) \\ 1 & c_i \leqslant u_i \end{cases}$$

式中：y_i 为第 i 个因子的隶属度；u_i 为样品观测值；c_i 为标准指标；a_i 为系数；u_t 为指标下限值。

② 戒下型函数模型。

$$y_i = \begin{cases} 0 & u_t \leqslant u_i \\ 1/[1+a_i(u_i-c_i)^2] & c_i < u_i < u_t (i=1, 2, \cdots, m) \\ 1 & u_i \leqslant c_i \end{cases}$$

③ 峰型函数模型。

$$y_i = \begin{cases} 0 & u_i \leqslant u_{t_1} \text{ 或 } u_i \geqslant u_{t_2} \\ 1/[1+a_i(u_i-c_i)^2] & u_{t_1} < u_i < u_{t_2} (i=1, 2, \cdots, m) \\ 1 & u_i = c_i \end{cases}$$

式中：u_{t_1}、u_{t_2} 分别为指标上、下限值。

④ 直线型函数模型。

$$y_i = b + a_i \times u_i$$

⑤ 概念型函数模型（散点型）。这类指标的性状是定性的、综合性的，与耕地生产能力之间是一种非线性的关系，如地貌类型、土壤剖面构型、土壤质地等。这类因素的评价可采用特尔菲法直接给出隶属度。

（4）扬州市各因子的函数模型。扬州市耕地质量等级评价隶属函数模型和隶属度见表 2-4 和表 2-5。

表 2-4 扬州市耕地质量等级评价隶属函数模型

指标名称	函数类型	计算公式	a 值	c 值	u_1 值	u_2 值
pH	峰型	$y=1/[1+a(u-c)^2]$	0.221 129	6.811 204	3	10.000 000
有机质	戒上型	$y=1/[1+a(u-c)^2]$	0.001 842	33.656 446	0	33.656 446
有效磷	戒上型	$y=1/[1+a(u-c)^2]$	0.002 025	33.346 824	0	33.346 824
速效钾	戒上型	$y=1/[1+a(u-c)^2]$	0.000 081	181.622 535	0	181.622 535
有效土层厚度	戒上型	$y=1/[1+a(u-c)^2]$	0.000 205	99.092 342	10	99.092 342

表 2-5　扬州市耕地质量等级评价指标隶属度

指标名称	指标数据内容	隶属度	指标名称	指标数据内容	隶属度
地形部位	平原低阶	1.00	质地构型	上松下紧型	1.00
	平原中阶或宽谷盆地	0.95		海绵型	0.95
	平原高阶	0.90		夹层型	0.85
	丘陵下部或山间盆地	0.80		紧实型	0.75
	丘陵中部	0.70		薄层型	0.55
	山地坡下	0.68		上紧下松型	0.40
	丘陵上部	0.60		松散型	0.30
	山地坡中	0.45	排水能力	充分满足	1.00
	山地坡上	0.30		满足	0.80
耕层质地	中壤	1.00		基本满足	0.60
	重壤	0.95		不满足	0.30
	轻壤	0.90		充分不满足	1.00
	沙壤	0.85	灌溉能力	充分满足	1.00
	黏土	0.70		满足	0.80
	沙土	0.60		基本满足	0.60
障碍因素	无	1.00		不满足	0.30
	酸化	0.70		充分不满足	1.00
	瘠薄	0.65	农田林网化	高	1.00
	障碍层次	0.60		中	0.85
	渍潜	0.55		低	0.70
	盐碱	0.50	生物多样	丰富	1.00
清洁程度	清洁	1.00		一般	0.80
	尚清洁	0.80		不丰富	0.60

（5）单因素权重的确定——层次分析法。层次分析法的基本原理是把复杂问题中的各个因素按照相互之间的隶属关系排成从高到低的若干层次，根据对一定客观现实的判断就同一层次的相对重要性进行相互比较的结果，决定层次各元素重要性次序。

在确定权重时，首先要建立层次结构，对所分析的问题进行层层解剖，根据他们之间的所属关系建立一个多层次的架构，以利于问题的分析和研究。

层次分析法的另外一个重点就是构造判断矩阵，用三层结构来分析，即目标层（A 层）、准则层（B 层）和指标层（C 层）。判断准则层中的各因素对于目标层的重要性，可参照相关分析以及因子分析的结果，请相关专家分别给予判断和评估，从而得到准则层对于目标层的判断矩阵。同理也可得到指标层相对于各准则层的判断矩阵。各影响因子权重见表 2-6。

表 2-6 各影响因子权重

影响因子名称	指标权重	影响因子名称	指标权重
清洁程度	0.033 5	容重	0.055 8
生物多样性	0.034 5	耕层质地	0.079 7
农田林网化	0.040 8	有效磷	0.056 5
地形部位	0.098 8	速效钾	0.059 3
有效土层厚度	0.041 3	有机质	0.122 0
质地构型	0.051 8	排水能力	0.114 5
障碍因素	0.053 6	灌溉能力	0.108 8
pH	0.049 1		

（6）确定综合性指数、分级和划分等级。用指数和法确定耕地质量的综合指数，具体公式为

$$IFI = \sum F_i \times C_i$$

式中：IFI（integrated fertility index）代表耕地质量综合指数；F_i 为第 i 个因素的评语（隶属度）；C_i 为第 i 个因素的组合权重。

利用耕地资源管理信息系统，在"专题评价"模块中编辑层次分析模型以及各评价因子的隶属函数模型，然后选择"耕地生产潜力评价"功能进行耕地质量综合指数的计算。

扬州市耕地质量综合指数分级见表 2-7。

表 2-7 扬州市耕地质量综合指数分级

等级	等级指数	等级	等级指数
一级地	≥0.917 0	六级地	0.793 9~0.818 5
二级地	0.892 4~0.917 0	七级地	0.769 3~0.793 9
三级地	0.867 8~0.892 4	八级地	0.744 6~0.769 3
四级地	0.843 1~0.867 8	九级地	0.720 0~0.744 6
五级地	0.818 5~0.843 1	十级地	0~0.720 0

2.4　耕地资源管理信息系统

2.4.1　资料收集与整理

开展耕地质量评价依赖大量的标准化数据，这些数据为第二次土壤普查成果以及近 20 年来各地开展的各类土壤监测、土壤养分调查、地力调查与质量评价、肥效试验和田间示范等。以耕地质量调查评价、测土配方施肥的野外调查、农户调查、土壤测试和田间试验示范数据等为主。对这些数据都要进行收集整理、依据一定规范建立标准化的属性数据库和空间数据库。

2.4.1.1　数据及文本资料　县、乡、村名编码表，土壤类型代码表，近 3 年稻、麦、棉、油等农作物单产、总产、种植面积统计资料（以村为单位），农村及农业生产基本情况资料（县、乡、村土地情况、人口情况、农作物布局、国民生产总值等），第二次土壤普查土壤农化样采样点基本情况及化验结果数据表，土壤肥力普查土壤采样点基本情况及化验结果数据表，耕地质量调查点基本情况及土壤样品化验结果数据表，耕地环境质量调查点基本情况及土壤样品化验结果数据表，土壤志，土种志，主要污染源调查情况统计表等。

2.4.1.2　图件资料　地形图，行政区划图，土壤图，水利分区图，每一个地块有行政代码、面积、地类等数据的土地利用现状图电子图（ArcInfo、MapInfo、MapGIS 等格式），根据已有资料编绘地貌类型分区图、主要污染源点位图、第二次土壤普查农化样点点位图、耕地质量调查点点位图、环境质量调查点点位图、肥力普查采样点点位图。

2.4.1.3　其他资料

（1）各镇（街道）基本情况描述。

（2）各种土种性状描述，包括其发生、发育、分布、生产性能、障碍因素等。

（3）土壤典型剖面照片。

（4）土壤肥力监测点景观照片。

（5）当地典型景观照片。

（6）特色农产品介绍。

（7）扬州市社会经济发展概况。

2.4.2　属性数据库

系统中有大量的信息，包括各种各样的属性数据。这些属性可以概括为两大类，即自然属性和社会属性。自然属性包括气候、地形地貌、水文地质、植被等自然成土因素和土壤剖面形态等；社会属性包括地理交通、农业经济、农业生产技术等。属性数据的获得，一是通过野外实际调查及测定；二是收集和分析相关学科已有的调查成果和文献资料。

2.4.2.1 数据标准 数据格式：mdb 或 dbf。属性数据表名、字段类型、字段长度、数据单位等参见《县域耕地资源管理信息系统数据字典》标准。

2.4.2.2 属性数据处理流程 扬州市耕地资源管理信息系统属性数据处理流程见图 2-2。

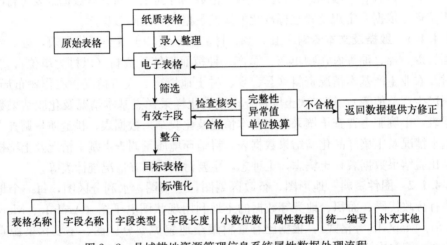

图 2-2　县域耕地资源管理信息系统属性数据处理流程

2.4.2.3 属性数据清单及相关说明 耕地资源管理信息评价的属性数据内容和数量来源见表 2-8。

表 2-8　属性数据清单及相关说明

编号	内容名称	来源
1	市、镇、村行政编码表	统计部门
2	市、镇、村农业、农村基本情况统计表	统计部门
3	土地利用现状属性数据库	自然资源部门
4	基本农田保护块登记表	自然资源部门
5	基本农田保护区基本情况统计表	自然资源部门
6	农田水利综合分区统计表	水利部门
7	土种名称及土种属性编码表	农业农村部门
8	土壤农化样点数据库	农业农村部门

（续）

编号	内容名称	来源
9	地貌类型属性表	农业农村部门
10	土壤、水样采样、分析结果数据表	农业农村部门
11	农户农业生产情况调查表	农业农村部门
12	各村农作物调查情况表	农业农村部门

2.4.3 空间数据建立

空间数据按结构不同又可划分为矢量结构和栅格结构，两类结构都可以用来描述地理实体的点、线、面3种基本类型。在矢量结构中空间实体与要表达的现实世界空间实体——对应，每一个实体的位置使用它们在坐标参考系统中的空间位置即坐标来定义。在栅格结构中，空间被规则地划分为栅格（通常为正方形），栅格的值表达了这个位置上的物体的类型或状态。但栅格与真实世界的实体没有直接的对应关系。

建立空间数据库，首先要获取基础空间数据。获取的方法有多种，包括扫描输入、图件数字化、以几何坐标输入数据、转换数据格式、属性录入等。

2.4.3.1 空间数据清单与处理方法 在县域耕地资源管理信息系统中，空间数据主要包括土地利用现状图、土壤图、行政区划图、地貌类型分区图、土壤母质分布图、灌溉分区图、排水分区图等基础数据以及根据这些基础数据生成的各类等值线图、分区图、栅格图等。空间数据清单及处理方法见表2-9。

表2-9 空间数据清单及处理方法

图层名称	图斑类型	来源	处理方法
辖区边界图	面	行政区划图	提取
装饰边界图	面	辖区边界	缓冲分析
行政区划图	面	电子图	定义坐标→属性录入
行政界线图	线	行政区划图	图斑格式转换→界线类型处理→属性录入
县、乡、村位置图	点	行政区划图	数字化→定义坐标→属性录入
乡镇区划图	面	电子图	从行政区划图提取
土壤图	面	土壤图纸图	扫描→校正底图→数字化→拼接→定义投影、坐标→修改边界→属性录入

（续）

图层名称	图斑类型	来源	处理方法
耕地资源管理单元图	面	土壤图＋行政区划图＋土地利用现状图	叠加求交合并小多边形→计算面积→整理属性
土地利用现状图	面	电子图	图斑格式转换→定义坐标→拓扑检查→修改边界→整理属性
农用地地块图	面	土地利用现状图	从土地利用现状图提取
非农用地地块图	面	土地利用现状图	从土地利用现状图提取
耕地质量调查点点位图	点	GPS 数据表	经纬度转换生成→定义坐标→整理属性
耕层土壤 pH 等值线图	线	耕地质量调查点点位图	点位插值→转栅格图→整理属性
耕层土壤有效磷含量等值线图	线	耕地质量调查点点位图	点位插值→转栅格图→整理属性
耕层土壤有机质含量等值线图	线	耕地质量调查点点位图	点位插值→转栅格图→整理属性
耕层土壤全氮含量等值线图	线	耕地质量调查点点位图	点位插值→转栅格图→整理属性
耕层土壤速效钾含量等值线图	线	耕地质量调查点点位图	点位插值→转栅格图→整理属性
道路图	线	土地利用现状图	定义坐标→属性录入
排水分区图	面	纸质图	扫描→校正底图→数字化→拼接→定义投影、坐标→修改边界→属性录入
灌溉分区图	面	纸质图	扫描→校正底图→数字化→拼接→定义投影、坐标→修改边界→属性录入
地貌类型分区图	面	纸质图	扫描→校正底图→数字化→拼接→定义投影、坐标→修改边界→属性录入
居民及工矿用地图	面	土地利用现状图	定义坐标→属性录入
面状水系图	面	土地利用现状图	定义坐标→属性录入

2.4.3.2　技术流程图与技术规范

（1）耕地资源管理单元图处理技术流程见图 2-3。

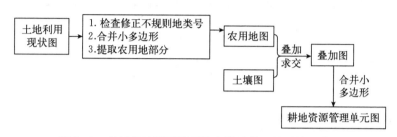

图 2-3　县域耕地资源管理信息耕地管理单元处理流程

（2）技术规范。

① 制作管理单元图时，小于 5 000 m² 的单元都被合并到相邻最大面积的多边形里。

② 点位插值调用了 ArcInfo 系统插值模块中的相关工具，采用 Kriging 插值方法。

2.4.4　系统整合与资料汇总

系统整理主要分为四个步骤：一是创建"扬州市工作空间"；二是导入空间数据，建立空间数据库；三是导入外部数据，建立外部数据库；四是构建工作空间结构。工作空间结构如表 2-10 所示。

表 2-10　工作空间结构

存储单位名称	存储单位类型	存储内容	备注
Vector File	文件夹	矢量图层	
Data Table	文件夹	系统中的表格	
Original DB	Access 文件	属性数据表格	和相关矢量图层对应
Progeny DB	Access 文件	系统生成的表格	常见的为评价结果表、施肥推荐表
Raster File	文件夹	栅格图层	
Conserve	文件夹	用作导航图的某个矢量土层	常用于行政区划图
Multi Mediafile	文件夹	多媒体文件	
Navigation Layer	文件夹	用作导航图的某个矢量图层	常用于行政区划图
Work Space Info	Access 文件	工作空间相关属性	

（续）

存储单位名称	存储单位类型	存储内容	备注
区级参数库	Access 文件	肥料效应函数库、肥料运筹知识库、化肥品种特征表、基础质量产量比例及养分校正系数表、土壤养分丰缺指标及肥施用标准表、作物品种特征表	
AHP	文件夹	层次分析模型	
SUJ	文件夹	隶属函数分析模型	

2.4.4.1 资料汇总 资料汇总包括收集资料和野外调查表格的整理和汇总。野外调查表格包括大田采样点基本情况调查表、大田采样点农户调查表、蔬菜地采样点基本情况调查表、蔬菜地采样点农户调查表和污染基本情况调查表等。整理后，将其录入系统中。

2.4.4.2 图件编制

（1）耕地质量评价等级分布图。利用 ArcMap 软件对每一个评价单元进行综合评价，得出评价值，将评价结果分等定级，最后形成耕地质量评价等级图。

（2）土壤养分含量图。耕地土壤养分含量图包括 pH 图、有机质含量图、全氮含量图、有效磷含量图、速效钾含量图、缓效钾含量图等。利用统计分析模块，通过空间插值方法分别生成养分图层，按照第二次土壤普查养分分级标准进行划分，生成不同等级的养分图。

（3）样点分布图。将 GPS 定位仪测定数据输入计算机，经过转换生成样点分布图。

2.4.5 数据库的建立

扬州耕地资源信息系统数据库建立工作是区域耕地质量评价的重要成果之一，是实现评价成果资料统一化、标准化以及实现综合农业信息资料共享的重要基础。耕地资源信息系统数据库是对扬州市项目区最新的土地利用现状调查、第二次土壤普查的土壤及养分资料、降水量、有效积温、县域耕地质量评价采集的土壤化学分析成果的汇总，并且是集空间数据库和属性数据库的存储、管理、查询、分析、显示于一体的数据库，能够实现数据的实时更新，可快速、有效地检索，能为各级决策部门提供信息支持，也将大大提高耕地资源管理及应用水平。

2.4.5.1 数据库建立标准 数据库建立主要是依据和参考有关技术标准以及有关扬州区域汇总技术要求完成的。涉及标准见表 2 - 11。

表 2 - 11 数据库建立参考标准及规范

标准号	标准及文献名称
GB 2260—2002	中华人民共和国行政区划代码
NY/T 1634—2008	耕地质量调查与质量评价技术规程
NY/T 309—1996	全国耕地类型区、耕地质量等级划分标准
NY/T 310—1996	全国中低产田类型划分与改良技术规范
GB/T 17296—2000	中国土壤分类与代码
GB/T 13989—1992	国家基本比例尺地形图分幅与编号
GB/T 13923—1992	国土基础信息数据分类与代码
GB/T 17798—1999	地球空间数据交换格式
GB 3100—1993	国际单位制及其应用
GB/T 16831—1997	地理点位置的纬度、经度和高程表示方法
GB/T 10113—2003	分类编码通用术语
GB/T 33469—2016	耕地质量等级

2.4.5.2 数据库建立的内容及方法步骤 扬州区域耕地资源信息系统数据库建设涉及空间数据库的建立和属性数据库的建立。

（1）空间数据库的建立。

① 空间数据库的标准。为满足扬州系统建库的需要，扬州市图件统一采用 1980 年西安坐标系、兰勃特正轴等角割圆锥投影、1985 年国家高程基准、1：50 万比例尺。

② 空间数据库的审查。空间数据的审查重点是审查图件内容是否符合区域汇总和数据库的建设要求等。

A. 坐标系、空间位置审查。查看提供的各类矢量图件坐标系是否一致、比例尺是否统一、图形边界是否吻合。

B. 图形、图斑审查。审查图形的完整性，主要审查图形是否缺失、是否全覆盖扬州区域，如果不完整需要重新提供或者补齐；另外，检查图斑是否含有重叠、缝隙等拓扑错误，重叠图斑需要判断其归属，合并给正确的图斑，缝隙错误如果细长，可能是由图斑拼接不吻合、错位等因素造成，需要补齐缝隙，将其合并给接边最长的图斑，如果缝隙较大，需要确认其表示图斑要素，并赋给相应的值。

C. 图件内容审查。审查图件是否包含表达的内容、名称是否正确规范。

如土壤图，需要审查图中是否包含表示土壤类型的土类、亚类字段，并且审查是否按照标准命名。

③ 空间数据库的内容。空间数据库的内容主要是以 shape 为格式的矢量图件和栅格图像文件。空间数据库的建立依据不同的原始资料，包括纸质图件、原始基础电子图、含有经纬度的点位数据。

A. 纸质图件数字化。土壤图、地貌类型图、水利分区图、卫星影像图等一般是此类形式的资料，纸质图矢量化的处理过程为扫描→校正底图→数字化→拼接→定义坐标→修改边界→属性录入。

以土壤图为例，收集扬州市第二次土壤普查原始纸质土壤图，用扫描仪将纸质图——扫描成 jpg 文件，用扬州市具有明显地物信息的矢量格式图作底图，在 ArcGIS 里用影像配准工具将土壤 jpg 文件完全匹配到底图上，新建矢量图件绘制配准好的纸质土壤图中的土壤线，修正边界，完成土壤图矢量化，添加属性字段，录入土壤编码，检查校对土壤编码和图斑拓扑错误。编辑土壤类型代码表，统一土类、亚类名称及土壤国标码，拼接扬州市土壤图，完成扬州市土壤图制作（图 2-4）。

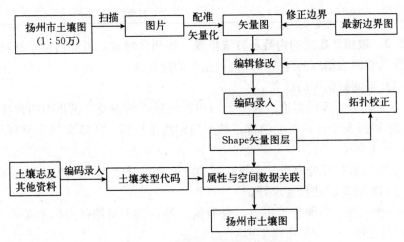

图 2-4 扬州市土壤图制作流程

B. 电子图件处理。电子图件主要是收集的土地利用现状图、行政区划图等基础图件。该类型资料需要进行完整性检查和正确性检查，并按数据库建立的规范及区域系统建设的要求标准化。以行政区划图为例；首先，对扬州市提供的行政区划图进行完整性检查、正确性检查、拓扑检查，以确保图件准确可用；其次，对行政信息——进行确认，更新行政单位名和县级行政代码，修改归并县和新增县的行政界线，尽量保证行政区划图的信息最新、可靠；最后，拼接扬州市的行政区划图，整理行政区划代码表，完成扬州市行政区划图的制作（图 2-5）。

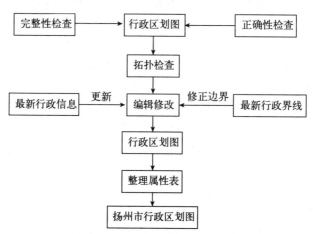

图 2-5　扬州市行政区划图制作流程

C. 点位图的生成。主要是含有 GPS 定位的野外调查数据和气象站数据。将原始资料保存为标准数据格式（如 mdb、dbf、xls 格式），利用耕地资源管理信息系统的添加 X、Y 数据功能建立点位图（图 2-6）。

通过纸质图件的矢量化、电子图件的标准化、点位数据的生成等空间数据库建立，最终完成包括耕地质量调查点点位图、行政界线图、辖区边界图、装饰边界图、土壤图、行政区划图、耕地资

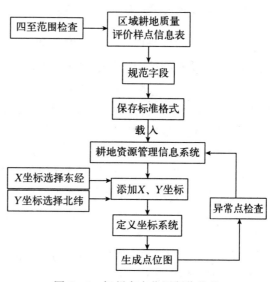

图 2-6　扬州市点位图制作流程

源管理单元图、农业分区图在内的 24 幅基础图件以及 19 幅汇总评价成果图件。

（2）属性数据库的建立。

① 属性数据库的标准。属性数据库内容是参照耕地资源管理信息系统数据字典以及本次评价提出的数据规范的要求建立的，明确数据项的字段代码、

字段名称、英文名称、释义、数据类型、量纲、数据长度、小数位、取值范围等内容。属性数据库的内容全部按照要求填写，可以在 ACCESS、DBASE、FOXBASE 或 FOXPRO 下建立，最终统一使用 DBASE 的 dbf 格式保存入库。

② 属性数据库的审查。属性数据库的审查主要是对属性表中的数据结构、属性内容进行审查。如：审查土壤类型代码表的土壤名称是否按国家标准命名，土壤代码是否与土壤图对应；审查数据表中化验数据的极值是否在正常范围内。通过审查修正进一步提高数据资料质量。

③ 属性数据库的处理。扬州市的属性表包括行政区划代码表、土壤类型代码表、调查点位表等表格，需要对表格进行规范处理（具体），按标准命名规范属性表的名称，规范设计属性表格所需字段，保证扬州区域耕地资源信息系统的评价、统计、汇总的正常运行。

④ 属性数据库的连接。属性数据库以 Excel、dbf 或 mdb 等表格和数据库形式存放，通过唯一字段在 ArcGIS 平台可以与空间数据再进行连接。存放在耕地资源管理信息系统中的属性数据库可直接跟对应的矢量图层进行连接，点开图层属性数据表查看和使用。

2.4.6 耕地质量等级评价方法

耕地质量评价以耕地资源为评价对象，以耕地质量的概念为基础，用耕地质量相关自然要素的综合指数来表达，表达公式是 $IFI = \sum F_i \times C_i$（公式中 IFI 代表耕地质量综合指数，F_i 代表第 i 个因子的隶属度，C_i 代表第 i 个因子的权重）。耕地质量评价以数字化的耕地资源管理单元为基础，按照耕地质量指标选取的原则选取影响耕地生产能力的因素，采用不同的数据处理方法为管理单元赋值，用特尔非法、模糊数学法、层次分析法等多种方法确定各指标隶属函数和权重，并通过和积法计算每个耕地资源管理单元的综合得分，用累积曲线法等方法划分耕地质量等级，最终完成耕地质量评价。通过耕地质量评价可以掌握区域耕地质量状况及分布，摸清影响区域耕地生产的主要障碍因素，提出有针对性的对策措施与建议，对进一步加强耕地质量建设与管理、保障国家粮食安全和农产品有效供给具有十分重要的意义。

2.4.6.1 评价的原则与依据

（1）评价的原则。

① 综合因素研究与主导因素分析相结合原则。耕地是一个自然经济综合体，耕地质量也是各类要素的综合体现，因此对耕地质量的评价应涉及耕地自然、气候、管理等诸多要素。所谓综合因素研究是指对耕地土壤立地条件、气候因素、土壤理化性状、土壤管理、障碍因素等相关社会经济因素进行综合全

面的研究、分析与评价，以全面了解耕地质量状况。主导因素是指对耕地质量起决定作用的、相对稳定的因子，在评价中应着重对其进行研究分析。只有把综合因素与主导因素结合起来，才能对耕地质量做出更加科学的评价。

② 共性评价与专题研究相结合原则。扬州耕地存在水浇地、旱地等多种类型，土壤理化性状、环境条件、管理水平不一，因此，其耕地质量水平有较大的差异。一方面，考虑区域内耕地质量的系统性、可比性，应在不同的耕地利用方式下选用统一的评价指标和标准，即耕地质量的评价不针对某一特定的利用方式；另一方面，为了解不同利用类型耕地质量状况及其内部的差异，将来可根据需要，对有代表性的主要类型耕地进行专题性深入研究。共性评价与专题研究相结合可使评价和研究成果具有更大的应用价值。

③ 定量评价和定性评价相结合原则。耕地系统是一个复杂的灰色系统，定量和定性要素共存、相互作用、相互影响。为了保证评价结果的客观合理，宜采用定量和定性评价相结合的方法。首先，应尽量采用定量评价方法，对可定量化的评价指标如有机质等养分含量、耕层厚度等按其数值进行计算。对非数量化的定性指标如耕层质地、成土母质等则通过数学方法进行量化处理，确定其相应的指数，以尽量避免主观人为因素影响。在评价因素筛选、权重确定、隶属函数建立、等级划分等评价过程中，尽量采用定量化数学模型，在此基础上充分运用专家知识，做到定量与定性相结合，从而保证评价结果准确合理。

④ GIS 技术的自动化评价方法原则。自动化、定量化的评价技术方法是当前耕地质量评价的重要方向之一。近年来，随着计算机技术，特别是 GIS 技术在耕地评价中的不断发展和应用，基于 GIS 技术进行自动定量化评价的方法已不断成熟，使评价精度和效率都大大提高。本次评价工作采用基于 ArcGIS 研发的耕地资源管理信息系统，通过工作空间、评价模型的建立，实现了评价流程的全程数字化、自动化，在一定程度上代表了当前耕地评价的最新技术方向。

⑤ 可行性与实用性原则。从可行性角度出发，扬州耕地质量评价的主要基础数据为区域内各项目县的耕地质量评价成果。应在核查区域内项目县耕地质量各类基础信息的基础上，最大限度利用项目县原有数据与图件信息，以提高评价工作效率。同时，为使区域评价成果与项目县评价成果有效衔接和对比，扬州耕地质量汇总评价方法应与项目县耕地质量评价方法保持相对一致。从实用性角度出发，为确保评价结果科学准确，评价指标的选取应从大区域尺度出发，切实针对区域实际特点，体现评价实用目标，使评价成果在耕地资源的利用管理和粮食作物生产中发挥切实指导作用。

（2）评价的依据。耕地质量反映耕地本身的生产能力，因此耕地质量的评价应依据与此相关的各类要素，具体包括 3 个方面：

① 自然环境要素。指耕地所处的自然环境条件，主要包括耕地所处的气候条件、地形地貌条件、水文地质条件、成土母质条件以及土地利用状况等。耕地所处的自然环境条件对耕地质量具有重要的影响。

② 土壤理化性状要素。主要包括土壤剖面与土体构型、障碍层类型、耕层厚度、质地、容重等物理性状，有机质、氮、磷、钾等主要养分、中微量元素、土壤 pH、盐分含量等化学性状。耕地土壤理化性状不同，其耕地质量也存在较大的差异。

③ 农田基础设施与管理水平。包括耕地的灌排条件、水土保持工程建设、培肥管理条件、施肥水平等。良好的农田基础设施与较高的管理水平对耕地质量的提升具有重要的作用。

2.4.6.2 评价流程 将土地利用现状图、土壤图和行政区划图叠加生成耕地资源管理单元图；利用采集的样点及分析资料获取土壤理化性状、土壤养分、立地条件等数据；根据评价区域特点构建评价指标体系，应用层次分析法确定指标权重；结合评价因子隶属函数计算评价单元的综合指数，划分等级，确定耕地质量评价结果，形成电子表格、图件、报告等成果。

评价具体工作流程如图 2-7 所示。

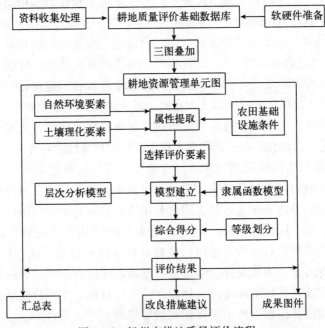

图 2-7 扬州市耕地质量评价流程

2.4.6.3　评价关键步骤

（1）耕地质量评价单元图的生成。耕地质量评价单元（图 2-8）是用于完成耕地质量评价的独立单位，是由耕地质量评价要素构成的具有专门特征的耕地单元，是耕地质量等级划分的重要基础。因此，确定耕地质量评价单元时应综合考虑耕地的本身属性及其他人为、社会因素。

图 2-8　耕地质量评价单元图生成示意图

评价单元建立的常用方法有叠加法、网格法、地块法、图斑法等，不同方法适用情况不同。

① 叠加法。依据评价原则，选择相应的基本图件进行叠加，并合并小于上图面积的图斑作为评价单元，能够较好地满足各个单元划分的原则与要求，需要原始叠加的基本图件很好地吻合。

② 网格法。选用一定大小的网格，构成覆盖评价区域范围的初步单元体系，划分方法简单快捷，便于计算机操作，但不能体现单元地块间的差异性和图斑地块的完整性。

③ 地块法。根据底图上明显的地物界线或权属界线将农用地分等因素相对均一的地块作为评价单元，单元划分符合实际情况，客观依据不足，主观随意性大。

④ 图斑法。将原有的土地利用现状图作为工作底图，选取耕地作为评价单元，能够与土地利用调查结果很好衔接，结果精确、便于统计，缺点是工作量大、难以实施。

根据全国耕地质量调查与质量评价工作实践，耕地质量评价单元采用了叠加法，通过对土地利用现状图、行政区划图、土壤图进行叠加形成耕地质量评价单元。

（2）指标数据的获取。为每个耕地质量评价单元获取指标数据是耕地质量评价的基础，耕地质量评价指标数据包括土壤养分状况、理化性状、立地条件等，根据指标数据类型以及指标数据的特点采用不同的方法为每个耕地质量评价单元赋值。通常的方法有空间插值、以点代面、属性提取、数据关联、3D分析。本次扬州市耕地质量评价单元指标获取中，pH、有机质、耕层含盐量等指标采用空间插值提取，地貌类型、年降水量、≥10 ℃积温采用了属性提取，质地、成土母质、土体构型等指标采用了数据关联。

① 空间插值常用于将离散点的测量数据转换为连续的数据曲面，通过采样点的测量值，使用适当的数学模型，对区域所有位置进行预测。要求空间分布对象都是空间相关的。第一步，通过分析以及专家研讨会剔除区域耕地质量评价样点信息表中的部分离群值；第二步，根据东经北纬生成调查点位图；第三步，将点位空间插值生成管理单元范围内的连续表面；第四步，管理单元区域统计连续表面完成数据赋值。具体流程如图 2-9 所示。

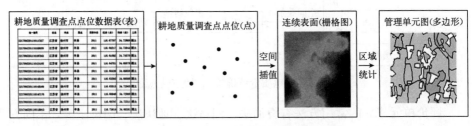

图 2-9　空间插值流程示意图

② 属性提取按空间位置连接数据，可将矢量面图层如地貌类型图提取到管理单元图中。利用耕地资源管理信息系统属性提取功能将管理单元图作为目标图层，将地貌类型图作为提取图层，通过空间位置关系将提取图层属性值赋给目标图层，有多个提取图层属性时，选取重合面积最大的属性值（图 2-10）。

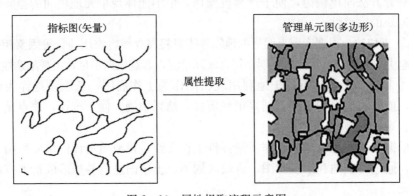

图 2-10　属性提取流程示意图

③ 数据关联通过唯一字段连接数据表将表中结果提取到评价单元图中。有些指标和某一属性有很强的相关性，比如成土母质和土壤类型就有很强的相关性。制作一张土壤名称与成土母质对照表（简称对照表），根据耕地资源管理单元图和对照表中土壤名称的一一对应关系将成土母质提取到管理单元图中（图 2-11）。

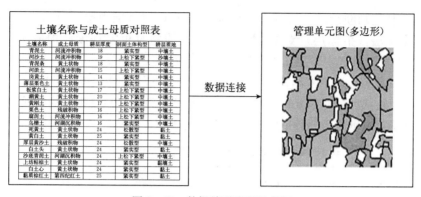

图 2-11 数据关联流程示意图

（3）指标权重的确立。耕地质量评价之前需要对选定的耕地质量评价指标因子进行排序，根据各指标因子相对于耕地质量的重要性确定其权重。常用的权重确定方法有模糊综合评判法、多元回归分析法、主成分分析法、层次分析法、特尔斐法等。按照国家标准《耕地质量等级》（GB/T 33469—2016）划分流程的规定，采用特尔斐法和层次分析法相结合的方法确定各因子权重。

① 建立层次结构。首先，以耕地质量作为目标层。其次，按照指标间的相关性、对耕地质量的影响程度及方式，将 13 个指标划分为 6 组作为准则层：第一组为立地条件，包括地形部位和成土母质；第二组反映气候条件，包括年降水量和≥10 ℃积温；第三组为描述土壤理化性状的指标，包括质地、pH 和有机质；第四组为土壤管理水平，包括灌溉保证率和排水能力；第五组为剖面性状，包括耕层厚度和土体构型；第六组为影响耕地质量的障碍因素，包括障碍层类型和耕层含盐量。最后，以准则层中的指标项目作为指标层，形成层次结构关系模型（图 2-12）。

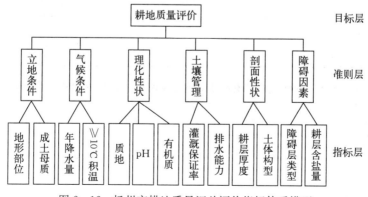

图 2-12 扬州市耕地质量汇总评价指标体系模型

② 构造判断矩阵。根据专家经验，确定 C 层（准则层）对 G 层（目标层）及 A 层（指标层）对 C 层（准则层）的相对重要程度，构成 A、C1、C2、C3、C4、C5、C6 共 7 个判断矩阵。

扬州市汇总评价 6 组准则层（立地条件、气候条件、理化性状、土壤管理、剖面性状、障碍因素）对目标层（耕地质量评价）重要程度的判断矩阵及各指标层对准则层重要程度的判断矩阵如表 2-12 至表 2-18 所示。

表 2-12　6 组准则层对目标层重要程度的判断矩阵

耕地质量评价	立地条件	气候条件	理化性状	土壤管理	剖面性状	障碍因素
立地条件	1.00	1.14	1.23	1.32	1.56	2.04
气候条件	0.88	1.00	1.09	1.16	1.37	1.79
理化性状	0.81	0.92	1.00	1.06	1.27	1.64
土壤管理	0.76	0.86	0.94	1.00	1.18	1.54
剖面性状	0.64	0.73	0.79	0.85	1.00	1.30
障碍因素	0.49	0.56	0.61	0.65	0.77	1.00

表 2-13　地形部位和成土母质对立地条件准则层重要程度的判断矩阵

立地条件	地形部位	成土母质
地形部位	1.00	1.27
成土母质	0.79	1.00

表 2-14　年降水量和≥10 ℃积温对气候条件准则层重要程度的判断矩阵

气候条件	年降水量	≥10 ℃积温
年降水量	1.00	1.11
≥10 ℃积温	0.90	1.00

表 2-15　质地、pH 和有机质对理化性状准则层重要程度的判断矩阵

理化性状	质地	pH	有机质
质地	1.00	1.10	0.77
pH	0.91	1.00	0.70
有机质	1.30	1.42	1.00

表 2－16　灌溉保证率和排水能力对土壤管理准则层重要程度的判断矩阵

土壤管理	灌溉保证率	排水能力
灌溉保证率	1.00	1.11
排水能力	0.90	1.00

表 2－17　耕层厚度和土体构型对剖面性状准则层重要程度的判断矩阵

剖面性状	耕层厚度	土体构型
耕层厚度	1.00	0.68
土体构型	1.46	1.00

表 2－18　障碍层类型和耕层含盐量对障碍因素准则层重要程度的判断矩阵

障碍因素	障碍层类型	耕层含盐量
障碍层类型	1.00	1.00
耕层含盐量	1.00	1.00

③ 层次单排序及一致性检验（表 2－19）。

表 2－19　权重及一致性检验结果

层次结构模型	指标权重	一致性检验比例（CR）
耕地质量评价	1	0.000 002 61
立地条件	0.218 4	0
气候条件	0.192 1	0
理化性状	0.176 6	0.000 002 49
土壤管理	0.165 4	0
剖面性状	0.140 0	0
障碍因素	0.107 5	0

从表中可以看出，一致性检验比例＜0.1，具有很好的一致性。

④ 各因子权重确定。根据层次分析法的计算结果，同时结合专家经验进行适当调整，最终确定了扬州耕地质量评价各参评因子的权重（表 2－20）。

表 2 - 20　扬州耕地质量评价因子权重

指标名称	指标权重	指标名称	指标权重
地形部位	0.122 0	灌溉保证率	0.087 1
成土母质	0.096 4	排水能力	0.078 4
年降水量	0.101 1	耕层厚度	0.056 9
≥10 ℃积温	0.091 0	土体构型	0.083 1
质地	0.055 0	障碍层类型	0.053 8
pH	0.050 2	耕层含盐量	0.053 8
有机质	0.071 4		

（4）隶属函数模型的建立。耕地质量的影响因子对耕地质量的影响具有模糊性，根据模糊数学的理论，将指标与耕地生产能力的关系分为戒上型、戒下型、峰型、直线型以及概念型 5 种类型的隶属函数。对于前 4 种类型，可以用 DELPHI 法对一组实测值评估出相应的一组隶属度，并根据这两组数据拟合隶属函数，如年降水量、≥10 ℃积温、pH、有机质、灌溉保证率、耕层厚度、耕层含盐量都属于前 4 种类型的数值型指标，应用 DELPHI 法划分各参评因素的实测值，根据各参评因素实测值对耕地质量及作物生长的影响进行评估，确定其相应的分值。概念型指标可以直接（特尔斐法，专家多轮确定的步骤）给出对应独立值的隶属度，地形部位、成土母质、质地、排水能力、土体构型、障碍层类型均为概念型指标，可直接对指标的描述给出分值。

① 评价指标隶属度的确定。考虑指标数据对耕地质量的影响，同时结合专家意见，赋予不同概念型描述类型相应的分值以及数值型实测值的分值（表 2 - 21 至表 2 - 33）。

表 2 - 21　地形部位的评估值

地形部位	山地坡上	山地坡中	山地坡下	丘陵上	丘陵中	丘陵下	山间盆地	宽谷盆地	平原高	平原中	平原低
评估值	0.20	0.40	0.60	0.60	0.70	0.80	0.80	0.90	0.90	0.95	1.00

表 2 - 22　成土母质的评估值

成土母质	第四纪红土	残坡积物	火山堆积物	黄土状沉积物	洪冲积物	江海相沉积物	河湖沉积物	河流冲积物
评估值	0.2	0.3	0.5	0.7	0.8	0.9	1.0	1.0

表 2-23　年降水量的评估值

年降水量（mm）	650	750	900	1 000	1 100	1 300	1 500	1 700	1 900
评估值	0.10	0.30	0.40	0.60	0.70	0.80	0.90	0.95	1.00

表 2-24　≥10℃积温的评估值

≥10℃积温（℃）	3 800	4 000	4 200	4 500	4 800	5 000	5 300	5 800	6 000
评估值	0.10	0.30	0.40	0.60	0.70	0.80	0.90	0.95	1.00

表 2-25　土壤质地的评估值

土壤质地	黏土	沙土	沙壤	黏壤	中壤
评估值	0.5	0.5	0.8	0.8	1.0

表 2-26　土壤 pH 的评估值

土壤 pH	3.0	4.0	4.5	5.0	5.5	6.0	6.5	7.0	7.5	8.0	8.5	9.0
评估值	0.10	0.20	0.40	0.50	0.75	0.80	0.98	1.00	0.98	0.80	0.60	0.30

表 2-27　有机质的评估值

有机质	5	10	15	20	25	30	35	40
评估值	0.25	0.50	0.70	0.80	0.90	0.95	1.00	1.00

表 2-28　灌溉保证率的评估值

灌溉保证率（%）	0	30	40	50	60	70	80	90	100
评估值	0.0	0.3	0.4	0.5	0.6	0.7	0.8	0.9	1.0

表 2-29　排水能力的评估值

排水能力	无	弱	中	强
评估值	0.0	0.5	0.8	1.0

表 2-30　耕层厚度的评估值

耕层厚度（cm）	5	8	10	12	15	18	20
评估值	0.30	0.60	0.70	0.80	0.85	0.90	1.00

表 2 - 31　土体构型的评估值

剖面土体构型	薄层型	松散型	上紧下松	夹层型	紧实型	海绵型	上松下紧
评估值	0.40	0.50	0.60	0.70	0.80	0.85	1.00

表 2 - 32　障碍层类型的评估值

障碍层类型	黏盘	沙砾	盐积	白土	砂姜	夹沙	潜育	无
评估值	0.4	0.4	0.5	0.7	0.7	0.8	0.8	1.0

表 2 - 33　耕层含盐量的评估值

耕层含盐量（g/kg）	0.10	0.20	0.25	0.30	0.35	0.40	0.45
评估值	1.0	0.9	0.8	0.7	0.5	0.3	0.2

② 评价指标隶属函数的确定。隶属函数的确定是评价过程的关键环节。评价过程需要在确定各评价因素的隶属度的基础上计算各评价单元分值，从而确定耕地质量等级。参评指标有戒上型、戒下型、峰型和概念型 4 种类型的隶属函数。

A. 隶属函数为戒上型。这类函数的特点是在一定的范围内，指标因子的值越大，相应的耕地质量水平越高，但是到某一临界值之后，其对耕地质量的正贡献效果也趋于恒定（如有机质、耕层厚度等）。

$$y_i = \begin{cases} 0 & u_i \leqslant u_t \\ \dfrac{1}{1+a_i(u_i-c_i)^2} & u_t < u_i < c_i (i=1, 2, \cdots) \\ 1 & c_i \leqslant u_i \end{cases}$$

式中：y_i 为第 i 个因子的隶属度；u_i 为实测值，c_i 为标准指标；a_i 为系数；u_t 为指标下限值。

B. 隶属函数为戒下型。这类函数的特点是在一定的范围内，指标因子的值越大，相应的耕地质量水平越低，但是到某一临界值之后，其对耕地质量的负贡献效果也趋于恒定（如耕层含盐量）。

$$y_i = \begin{cases} 0 & u_t \leqslant u_i \\ \dfrac{1}{1+a_i(u_i-c_i)^2} & c_i < u_i < u_t (i=1, 2, \cdots) \\ 1 & u_i \leqslant c_i \end{cases}$$

式中：u_t 为指标上限值。

C. 隶属函数为峰型。其数值离一特定的范围距离越近，相应的耕地质量水平越高（如土壤 pH）。

$$y_i = \begin{cases} 0 & u_i > u_{t_2} \text{ 或 } u_i < u_{t_1} \\ \dfrac{1}{1+a_i(u_i-c_i)^2} & u_{t_1} \leqslant u_i < u_{t_2} \\ 1 & u_i \leqslant c_i \end{cases}$$

式中：u_{t_1}、u_{t_2} 分别为指标上、下限值。

D. 隶属函数为概念型，这类指标的形状是定性的、非线性的，与耕地质量之间是一种非线性的关系（如地形部位、耕层土壤质地等）。

各参评定量因素隶属函数见图 2 - 13。

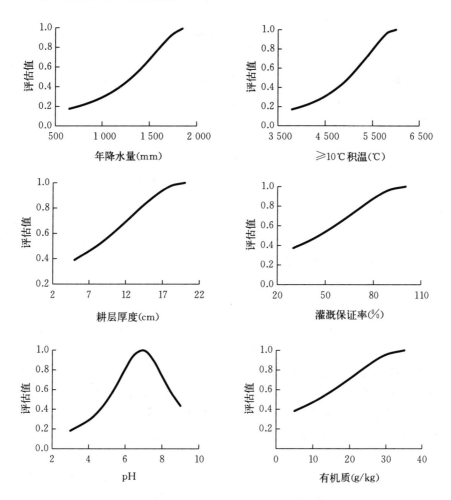

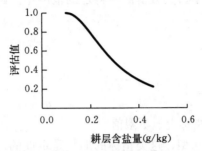

图 2-13 扬州参评指标隶属函数图

各参评定量因素类型及其隶属函数如表 2-34 所示。

表 2-34 参评定量因素类型及其隶属函数

函数类型	参评因素	隶属函数	A	C	U_1	U_2
戒上型	年降水量	$y=1/[1+A(x-C)^2]$	0.000 003	1 900	0	1 900
戒上型	≥10 ℃积温	$y=1/[1+A(x-C)^2]$	0.000 001	6 000	2 300	6 000
戒上型	耕层厚度	$y=1/[1+A(x-C)^2]$	0.006 963	20	2	20
戒上型	灌溉保证率	$y=1/[1+A(x-C)^2]$	0.000 342	100	0	100
峰型	pH	$y=1/[1+A(x-C)^2]$	0.294 886	6.9	3	10
戒上型	有机质	$y=1/[1+A(x-C)^2]$	0.001 795	35	2	35
戒下型	耕层含盐量	$y=1/[1+A(x-C)^2]$	26.830 56	0.1	0.1	0.67

2.4.6.4 耕地质量等级确定

（1）计算耕地质量综合指数。耕地质量综合指数计算方法如下：

$$IFI = \sum F_i \times C_i$$

式中：IFI 代表耕地质量综合指数；F_i 代表第 i 个因子的隶属度；C_i 代表第 i 个因子的权重。

利用耕地资源管理信息系统，在"评价"模块中选择"耕地质量评价"功能进行耕地质量综合指数的计算，得到每个单元的耕地质量综合指数。

（2）确定最佳的耕地质量等级数目。在获取各单元耕地质量综合指数的基础上，首先根据所有评价单元的综合指数形成耕地质量综合指数累积曲线图（图 2-14），根据曲线斜率的突变点确定一级地和十级地划分线，并将剩下的曲线按照农业农村部等级划分要求均等分为 8 个等级。最终，将扬州耕地质量划分为 10 个等级，一级地耕地质量最高，十级地耕地质量最低。

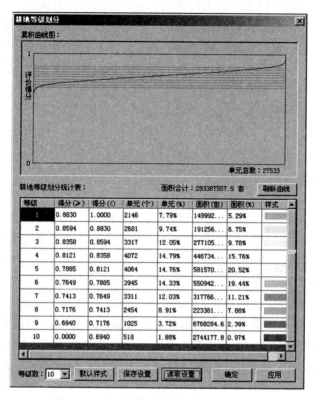

图 2-14　扬州耕地质量综合指数分布图

2.4.6.5　成果输出

（1）专题图地理要素底图的编制。专题图的地理要素内容是专题图的重要组成部分，用于反映专题内容的地理分布，也是图幅叠加处理等的重要依据。地理要素的选择应与专题内容协调，考虑图面的负载量和清晰度，应选择评价区域内基本的、主要的地理要素。

以扬州市最新的土地利用现状图为基础进行制图综合处理，选取的主要地理要素包括居民点、交通道路、水系、境界线等及其相应的注记，进而编辑生成与各专题图件要素相适应的地理要素底图。

（2）耕地质量等级图的编制。以耕地质量评价单元为基础，根据各单元的耕地质量评价等级结果，赋予不同耕地质量等级相应的颜色。将评价专题图与以上的地理要素底图复合，整饰获得扬州市耕地质量等级图。

2.4.6.6　评价结果验证方法

为保证评价结果科学合理，需要对评价形成的耕地质量等级分布等结果进行审核验证，使其符合实际，更好地指导农业生产与管理。具体采用了以下方法进行耕地质量评价结果的验证。

（1）产量验证法。作物产量是耕地质量的直接体现。通常状况下，耕地质量高等级的耕地一般对应相对较高的作物产量水平，低等级的耕地则受相关限制因素的影响，作物产量水平也较低。因此，可对评价结果中各等级耕地质量对应的农作物调查产量进行对比统计，分析不同耕地质量等级的产量水平。通过产量的差异来判断评价结果是否科学合理。

（2）专家验证法。专家经验的验证也是判定耕地质量评价结果科学性的重要方法。应邀请熟悉区域情况及相关专业的专家，会同参与评价的专业人员，共同对评价指标选取、权重确定、等级划分、评价过程及评价结果进行系统的验证。

本次评价先后组织了熟悉扬州市情况的土壤学、土地资源学、作物学、植物营养学、气象学、地理信息系统等领域的十余位专家以及扬州市的土肥站工作技术人员，通过召开多次专题会议对评价结果进行验证，确保了评价结果符合扬州市耕地实际状况。

（3）对比验证法。不同的耕地质量等级应与其相应的评价指标值相对应。高等级的耕地质量应体现较为优良的耕地理化性状，而低等级耕地则会对应较劣的耕地理化性状。因此，可汇总分析评价结果中不同耕地质量等级对应的评价指标值，通过比较不同等级的指标差异分析耕地质量评价结果的合理性。

以排水能力为例，一、二、三级地的排水能力均以"强"为主，排水能力为"弱"的耕地很少，没有无法排水的情况，四、五、六级地排水能力以"中""强"为主，七、八、九、十级地排水能力则以"中"为主，但扬州市内99.51%排水能力为"无"的耕地处于这四个等级。可见，评价结果与排水能力指标有较好的对应关系，说明评价结果较为合理（表2-35）。

表2-35　扬州耕地质量各等级对应的排水能力占比情况（%）

耕地质量等级	强	中	弱	无
一级	66.16	33.69	0.16	0.00
二级	66.19	31.47	2.34	0.00
三级	59.00	37.65	3.35	0.00
四级	48.28	49.62	2.10	0.00
五级	44.51	54.60	0.89	0.00
六级	47.59	50.46	1.94	0.01

（续）

耕地质量等级	强	中	弱	无
七级	36.03	58.86	3.87	1.23
八级	22.12	70.16	7.63	0.09
九级	32.66	51.77	10.48	5.09
十级	36.09	43.47	12.22	8.22

（4）实地验证法。以评价得到的耕地质量等级分布图为依据，随机选取各等级耕地的验证样点，逐一到对应的评价地区实际地点进行调查分析，实地获取不同等级耕地的自然及社会经济信息指标数据，根据相应指标的差异综合分析评价结果的科学合理性。

本次评价的实地验证工作由扬州市土肥站分别组织人员展开。根据各个等级耕地的空间分布状况，选取有代表性的典型样点，每一等级耕地选取 15～20 个样点，进行实地调查并查验相关的立地条件、理化性状、灌排条件等指标。验证评价结果是否符合实际情况。

在不同等级耕地内各选取约 20 个样点进行实地调查，收集样点自然状况、物理性状及社会经济等方面的资料，通过比较不同等级耕地间的差异性及与评价结果的相符性验证评价结果是否符合实际情况。

第 3 章 立地条件

立地条件是指在造林地上与森林生长发育有关的自然环境因子的综合，表现为不同的造林地块因处于不同的地形部位而具有不同的小气候、土壤、水文、植被及因其他环境因子状况而存在的差异。主要包括以下几个方面：①土壤。包括土壤种类、土层厚度、腐殖质层厚度与腐殖质含量、土壤侵蚀度、质地、结构、紧实度、pH、石砾含量、母质种类及风化程度等。②地形地貌。包括海拔高度、坡向、坡形、坡度、微地形等。③水文。包括地下水位深度与季节变化、地下水矿化度与盐分组成、有无季节性积水及其持续期、水淹可能性等。④生物。包括分布的植物种类，种的盖度、多度与优势种，群落类型以及病虫害状况等。

3.1 土壤

土壤物理性状是耕地的重要肥力因素，与作物生长过程中水、肥、气、热的供应状况有着密切的关系，能反映农业生产的综合性能。土壤物理性状主要包括土壤类型、土壤容重、土壤质地、土壤耕层厚度、土壤障碍层类型、土壤障碍层出现位置等。

3.1.1 土壤类型

3.1.1.1 水稻土　面积为 336 046 hm²，占全市耕地面积 391 454 hm² 的 85.8%。在不同母质或母土上长期种植水稻，水耕或水旱交替耕作、熟化而形成的土壤，由于强烈的氧化和还原、淋溶和淀积以及有机质积累和分解作用，发育成耕作层、犁底层、淀积层剖面构型，因水分运动影响程度不同而发育成不同亚类水稻土。划分为 6 个亚类，14 个土属。

(1) 淹育型水稻土亚类，面积 10 835 hm²，占水稻土土类的 3.2%。只划分一个土属，即黄白土土属。下分黄白土、黄泥土 2 个土种。

(2) 渗育型水稻土亚类，面积 83 562 hm²，占水稻土土类的 24.9%。各土属的名称与面积：淤泥土 25 552 hm²，划分为淤泥土、沙底淤泥土、油沙土、沙底油沙土 4 个土种；潮灰土 50 108 hm²，划分为灰沙土、腰黑灰沙土、砂姜底灰沙土、灰夹沙土、小粉浆土、腰黑小粉浆土、砂姜底小粉浆土、上位砂姜小粉浆土、中位砂姜小粉浆土、下位砂姜小粉浆土 10 个土种；潮黄土 4 944 hm²，划分为潮黄二合土、沙心潮黄淤土、沙底潮黄二合土 3 个土种；河沙土 2 598 hm²，划分为河沙土、冲淤土、河淤土 3 个土种。

（3）潴育型水稻土亚类，面积 117 077 hm²，占水稻土土类的 34.8%。各土属的名称与面积：马肝土 34 402 hm²，划分为黏马肝土、马肝土、沙底马肝土、底黑马肝土 4 个土种；黄杂土 52 795 hm²，划分为黄杂土、沙心黄杂土、沙底黄杂土、底黑黄杂土、心白黄杂土、沙心黄沙土、沙底黄沙土、底黑沙心黄沙土 8 个土种；红沙土 29 881 hm²，划分为黄乌土、沙底黄乌土、砂姜底黄乌土、底黑黄乌土 4 个土种。

（4）脱潜型水稻土亚类，面积 83 088 hm²，占水稻土土类的 24.7%。各土属的名称与面积：乌杂土 30 124 hm²，划分为乌杂土、沙心乌杂土、腰黑乌杂土、底黑乌杂土 4 个土种；乌沙土 17 714 hm²，划分为乌沙土、沙心乌沙土、沙底乌沙土、腰黑乌沙土、上位砂姜乌沙土、中位砂姜乌沙土、下位砂姜乌沙土 7 个土种；勤泥土 35 250 hm²，划分为勤泥土、铁屑底勤泥土、乌黏土、腰黑乌黏土 4 个土种。

（5）潜育型水稻土亚类，面积 12 743 hm²，占水稻土土类的 3.8%。各土属的名称与面积：黑黏土 9 983 hm²，划分为黑黏土、腐泥土 2 个土种；青泥条 2 760 hm²，划分为青泥条土种。

（6）侧渗型水稻土亚类，面积 28 741 hm²，占水稻土土类的 8.6%。只划分一个土属，即板浆白土土属。下分板浆白土、杂白土 2 个土种。

3.1.1.2 潮土 面积为 20 252 hm²，占全市耕地面积 391 455 hm² 的 5.2%。在受地下水影响的冲积母质上经过旱耕熟化发育的土壤。划分为 2 个亚类，8 个土属。

（1）黄潮土亚类，面积 4 661 hm²，占潮土土类的 23%。各土属的名称与面积：沙土 606 hm²，划分为沙土土种；二合土 1 039 hm²，划分为二合土、沙心二合土 2 个土种；淤土 3 035 hm²，划分为淤土、沙底淤土 2 个土种。

（2）灰潮土亚类，面积 15 592 hm²，占潮土土类的 77%。各土属的名称与面积：跑沙土 331 hm²，划分为跑沙土土种；高沙土 10 281 hm²，划分为高沙土、薄层沙土、中位沙玛土、下位沙玛土 4 个土种；夹沙土 1 247 hm²，划分为夹沙土土种；夹黏土 2 188 hm²，划分为夹黏土土种；菜园土 1 544 hm²，划分为沙底菜园土、壤质菜园土。

3.1.1.3 黄棕壤 面积为 5 998 hm²，占全市耕地面积 391 454 hm² 的 1.5%。为北亚热带气候条件下下蜀黄土母质上发育的土壤，石灰已淋溶，微酸至中性反应。划分为 2 个亚类，2 个土属。

（1）黏盘黄棕壤亚类，面积 4 871 hm²，占黄棕壤土类的 81.2%。只划分一个土属，即黄刚土土属。下分为黄刚土、旱地白土 2 个土种。

（2）粗骨黄棕壤亚类，面积 1 127 hm²，占黄棕壤土类的 18.8%。只划分一个土属，即粗骨土土属。分为石砾土土种。

3.1.1.4 沼泽土 面积为 29 159 hm²，占全市耕地面积 391 455 hm² 的 7.5%。在地势低洼、地下水位高、季节性淹水、生长喜湿植物条件下形成的土壤，剖面分化明显，上层有机质含量较高。划分为 1 个亚类、1 个土属，即腐泥沼泽土亚类、草渣土土属，下分为厚层草渣土、薄层草渣土、湖淤土 3 个土种。

3.1.2 母质类型与土壤结构

成土母质可分为湖相沉积物、黄泛冲积物、黄淮冲积物、黄土母质、基岩残积物、下蜀黄土、长江冲积物、长江淤积物。

成土母质与土壤有效磷含量与分布关系密切。成土母质能直接影响土壤矿物组成和土壤颗粒组成，并在很大程度上支配着土壤物理、化学性质以及土壤生产力。本研究结果表明，扬州地区冲积物有效磷含量高、基岩残积物有效磷含量低。其原因主要是冲积物母质土壤质地较轻，易于耕作；基岩残积物由基岩风化后形成，未经搬运而残留在原地，土壤颗粒大、质地疏松、通气透水性良好。随着时间的推移，8 种成土母质土壤有效磷含量均呈明显上升趋势，黄淮冲积物母质有效磷含量上升最快，其原因是该母质耕地复种指数高，同时大量施用了磷肥或高磷复合肥。黄土母质、基岩残积物、下蜀黄土 3 种母质主要分布在丘陵地区，以旱作为主，磷肥施用量少，土壤有效磷仍处于较低水平。

在大地构造单元上，里下河地区属于苏北盆地持续强烈沉降的一部分；沿江和高沙地区属长江三角洲持续沉降区；仪扬丘陵岗地属间歇性上升区。第四纪地层厚度，低丘缓岗地区约为 50 m，沿里运河一线约为 100 m，由此线向东渐深达 200 m。

土壤结构是成土过程或土壤利用过程中由物理的、化学的和生物的多种因素综合作用而形成的，土壤颗粒的排列与组合形式通常指那些形态和大小不同且能彼此分开的结构体，实际上是土壤颗粒按照不同的排列方式堆积、复合而形成的土壤团聚体，可通过人为培育进行改良。

观察土壤剖面中的结构类型，可大致判别土壤的成土过程。如具有团粒结构的剖面与生草过程有关，淀积层中有柱状或圆柱状结构则与碱化过程有关。土壤结构影响土壤中水、气、热以及养分的保持和移动，也直接影响植物根系的生长发育。改善土壤结构须根据不同土壤存在的结构问题相应采用增施有机肥料、合理耕作、轮作、灌溉排水等措施。土壤结构是土壤固相颗粒（包括团聚体）的大小及其空间排列的形式，不仅影响植物生长所需的土壤水分和养分的储量与供应能力，还左右土壤中气体交流、热量平衡、微生物活动及根系的延伸等。

土壤结构对土壤肥力有很大影响。其中，沙土抗旱能力弱，易漏水漏肥，因此土壤养分少，加之缺少黏粒和有机质，故保肥性能弱，速效肥料易随雨水和灌溉水流失，而且施用速效肥料效猛而不稳长。因此，沙土要强调增施有机肥，并掌握勤浇薄施的原则，黏土养分丰富，而且有机质含量较高。因此，大多土壤养分不易被雨水和灌溉水淋失，故保肥性能好。但遇雨或灌溉时，水分在土体中难以下渗而导致排水困难，影响农作物根系的生长，阻碍根系对土壤养分的吸收。对此类土壤，在生产上要注意开沟排水，降低地下水位，以避免或减轻涝害，并选择在适宜的土壤含水条件下精耕细作，以改善土壤结构和耕性，以促进土壤养分的释放。壤土兼有沙土和黏土的优点，是较理想的土壤，耕性优良，适种的农作物种类多。

3.2　地形地貌

3.2.1　地貌类型

地貌类型是陆地表面形态特征的归类，是根据成因和形态的差异划分的不同地貌类别。同类型地貌具有相同或相近的特征，不同类型地貌有明显的特征差异。按成因分为构造类型、侵蚀类型、堆积类型等。其中侵蚀类型和堆积类型又可分为河流的、湖泊的、海洋的、冰川的、风成的等类型，依次还可分成次一级类型。按形态特征分为山地、丘陵和平原三大类。其中山地的主要特征是起伏大，峰谷明显，高程在 500 m 以上，相对高程在 100 m 以上，地表有不同程度的切割。根据高程、相对高程和切割程度的差异，又将山地分为低山、中山、高山和极高山。丘陵是山地与平原之间的过渡类型，是切割破碎、构造线模糊、相对高程在 100 m 以下、起伏缓和的地形。平原是指地面平坦或稍有起伏但高差较小的地形。也可按动力、形态等进行分类，每一种大类型下都可继续分出次一级类型。

常见的 8 种地貌类型为火山地貌、海岸地貌、沙漠和沙丘地貌、冰川地貌、雅丹地貌、黄土地貌、丹霞地貌、喀斯特地貌。自然界中地貌形态有大型、中型、小型或微型等，地貌成因类型是相当复杂的。地貌类型的差异也会影响土壤的农业利用方式及水稻的生长环境。

扬州市区北部和仪征市北部为丘陵，京杭大运河以东、通扬运河以北为里下河地区，沿江和沿湖一带为平原。扬州市境内有大铜山、小铜山、捺山等，主要湖泊有白马湖、宝应湖、高邮湖、邵伯湖等。扬州市境内有长江岸线80.5 km，沿岸有仪征市、江都区、邗江区、广陵区一市三区；京杭大运河纵穿腹地，由北向南沟通白马湖、宝应湖、高邮湖、邵伯湖，汇入长江，全长143.3 km。除长江和京杭大运河以外，主要河流还有东西向的宝射河、大潼河、北澄子河、通扬运河、新通扬运河。

地形地貌和成土母质、水文三因素相互联系，共同影响土壤的形成和发育，与土壤的分布密切相关。扬州市境内地貌类型以平原为主，地势西高东低，地貌类型分为里下河洼地、高沙土地区、沿江圩田地区和丘陵（低丘缓岗）三个农业区。

3.2.2 海拔

海拔也称绝对高度，就是某地与海平面的高度差，通常以平均海平面作为标准来计算，是表示地面某个地点高出海平面的垂直距离。海拔的起点叫海拔零点或水准零点，是某一滨海地点的平均海水面。它是根据当地测潮站的多年记录，对海水面的位置加以平均而得出的。

新中国成立前，我国的海拔零点很不一致；新中国成立后，从1956年起，统一改用青岛零点作为各地计算海拔高度的水准零点。所以，我们计算的海拔高度都是以青岛的黄海海面作为零点算起。根据地表的海拔高低、起伏状况来判别不同的高度。海拔对作物生长有较大的影响。海拔高则温度低，积温降低易引起水稻产量和品质的降低。

扬州市境内地形西高东低，以仪征市境内丘陵山区为最高，从西向东呈扇形逐渐倾斜，高邮市、宝应县与泰州兴化市交界一带最低，为浅水湖荡地区。境内最高峰为仪征市大铜山，海拔149.5 m；最低点位于高邮市、宝应县与泰州兴化市交界一带，平均海拔2 m。

3.2.3 坡度、坡向、坡形

坡度是地表单元陡缓的程度，通常把坡面的垂直高度 h 和水平方向的距离 l 的比称为坡度（或坡比），用字母 i 表示［即坡角的正切值（可写作：$i=\tan$ 坡角 $=h:l$)]。坡度的表示方法有百分比法、度数法、密位法和分数法4种，其中以百分比法和度数法较为常用。

坡度也是决定耕地利用形态的主要因素之一，坡度越缓越利于田间管理（张月平，2011）。流速与坡度、流量及植被覆盖度之间呈指数关系，相关系数为0.987。相同流量下，随着坡度的增加，流速增幅逐渐减小，植被对坡面流的减缓作用逐渐减弱。阻力系数受到坡度、流量和植被覆盖的影响，存在临界覆盖度，低于临界覆盖度时，阻力系数与流量负相关，高于临界覆盖度时，阻力系数与流量正相关。且临界覆盖度受到坡度的影响，坡度越大，临界覆盖度越大。研究结果可为山区水土流失的预防以及山洪水沙耦合致灾机制的研究提供理论参考（胡静，2022）。

坡向为坡面法线在水平面上的投影的方向（也可以通俗理解为由高及低的方向）。坡向对山地生态有着较大的作用。山地的方位对日照时数和太阳辐射强度有影响。对于北半球而言，辐射收入南坡最多，其次为东南坡和西南坡，再次为东坡与西坡及东北坡和西北坡，北坡最少。

坡向对生物的影响表现为向光坡（阳坡或南坡）和背光坡（阴坡或北坡）之间温度或植被的差异常常是很大的。南坡或西南坡最暖和，而北坡或东北坡最寒冷，同一高度的极端温差达 3～4 ℃。南坡森林上界比北坡高 100～200 m。永久雪线的下限因地而异，在南坡可抬高 150～500 m。东坡与西坡的温度差异在南坡与北坡之间。

坡向对降水的影响也很明显。一山之隔，降水量可相差几倍。来自西南的暖湿气流在南北或偏南北走向山脉的西坡和西南坡形成大量降水，东南暖湿气流在东坡和东南坡造成丰富的降水。

由于光照、温度、雨量、风速、土壤质地等因子的综合作用，坡向能够对植物产生影响，从而引起植物和环境的生态关系发生变化。最典型的例子是我国四川省二郎山，山体的东坡分布着湿润的常绿阔叶林，山体的西坡则为干燥的草坡，树木不能生长，灌丛植物也很少见。同是一个山体的坡面上，东西两面具有截然不同的植被类型，这是由于从东向西运行的潮湿气流在东坡底部开始上升，随着海拔的逐渐升高，气温逐渐降低，把空气中大量的水汽丢失在东坡的坡面上，使东坡非常潮湿，形成湿润的常绿阔叶林。当气流运行到山脊顶部时，已成为又干又冷的空气。这种干冷的空气，本来缺水已经到了极点，再由山脊开始顺着西坡向下运行时，随着海拔逐渐降低，温度逐渐增高，干热空气不但本身缺水不能向坡面上放出水分，还反过来从坡面上吸收水分，因而使西坡更加缺水干旱。因此，西坡面只分布着干燥的草地植被类型。

坡度、坡向、地形部位等对水稻生长有较大的影响。坡度越缓越利于田间管理，越适宜水稻种植，而且坡度、坡向不同，日照时间和太阳辐射强度都有较大差异；地形部位反映种植区所处的空间位置，不同地形部位的土壤具有不同的养分条件、耕作条件、物理性质、土壤肥力，地形部位通过影响水文条件影响产量（李文西，2013）。

3.3　水文

3.3.1　季节气候特点

每一个地域都存在不同的季节气候特点，所以有不同种的生物以及耕种时间。

扬州属于亚热带湿润气候区，气候主要特点是盛行风向随季节变化有明显的变化，冬季盛行干冷的偏北风，东北风和西北风居多。夏季多为从海洋吹来的湿热的东南到东风，东南风居多。春季多东南风，秋季多东北风。冬季偏长，4 个多月；夏季次之，约 3 个月；春、秋季较短，各为 2 个多月。扬州处于江淮平原南端，受季风环流影响明显，四季分明，气候温和，自然条件优越。年平均气温为 14.8 ℃，冬冷夏热较为突出。最冷月为 1 月，月平均气温 1.8 ℃；最热月为 7 月，月平均气温为 27.5 ℃。全年无霜期平均 220 d，全年平均日照 2 140 h，全年平均降水量 1 020 mm。市区北部地形为丘陵，京杭运河以东和沿江地貌为长江三角洲漫滩冲积平原，地势平坦。境内 90%以上是平原，河湖密布，拥有 80 km 以上长江岸线，水深江阔，岸线稳定。干旱、雨涝、低温、阴雨、台风、冰雹等灾害间有出现并造成不同程度的损失。台风一般最早出现于 6 月，最迟 11 月，8 月、9 月居多。

区域内农业资源丰富，农作物种植以水稻和小麦为主。东西分别受海洋性气候和内陆性气候的交替影响，季风显著，冬夏冷热悬殊；雨量充沛，雨热同季，光热水资源较好。扬州光水热资源可满足小麦、棉花、水稻和各种蔬菜的生长，对农业发展极为有利。

3.3.1.1　光热　7 月、8 月、9 月为光热水的高峰期，有利于秋熟作物的生长发育，冬季不太寒冷，有利于夏熟作物的生长。年日照时数 2 000～2 300 h，日照百分率 47%～52%，太阳辐射年总量 460.5～502.4 kJ/cm²，日照时数与辐射量均夏季最高、冬季最低，此时期和农作物生长季节基本相同，能适应各种农作物碳水化合物转化积累的要求，为扬州市农业生产提供了优越的热量和水分条件，具有进一步开发农、林、牧、渔生产的潜在优势。

3.3.1.2　气温　全市年平均气温 14.4～15.1 ℃，分布趋势是南部高于北部，西部高于东部。日平均气温稳定通过 0 ℃的活动积温为 5 250～5 550 ℃，日平均气温稳定通过 10 ℃的活动积温为 4 670～4 840 ℃。

3.3.1.3　降水　全市雨量充沛，分布较为合理。年平均降水量 1 000 mm 左右，年平均雨日 100～125 d，年际变幅较大，最大年降水量 2 013.3 mm（1991 年高邮市三垛站），最小年降水量 389.2 mm（1978 年江都市三江营站），年内降水分配约 66％ 集中在汛期 5—9 月，7 月、8 月为降水高峰期，多数年份 7 月的降水量超过 200 mm，与水稻需水期十分吻合，有利于发展水稻生产。

3.3.1.4　灾害性天气　灾害性天气是对人民生命财产有严重威胁、对工农业和交通运输会造成重大损失的天气。如大风、暴雨、冰雹、龙卷风、寒潮、霜冻、大雾等。灾害性天气可发生在不同季节，一般具有突发性。我国地域辽阔，自然条件复杂，而且属于典型的季风气候区，因此灾害性天气种类繁多，不同地区又有很大差异。灾害性天气是造成气象灾害的直接原因。研究灾害性天气的形成机理和变化规律，监测灾害性天气形成发展过程是进行气象灾害预测预报、防灾减灾的基础。

对农业生产影响较大的主要有干旱、雨涝、连阴雨、台风、冰雹、低温霜冻等。扬州市水资源丰富，可以灌溉抗旱，干旱对扬州市农业生产影响较小。旱年光热条件好，有利于土壤微生物活动和养分转化，作物生长茂盛，不但旱象少旱情轻，而且旱年也能获得丰收。涝害对扬州农业生产影响较大，大雨或暴雨时的地表径流会造成不同程度的土壤流失；连阴雨伴随低温，常引起渍害，春季降水超过 250 mm，雨日 30 d 以上，三麦易发生渍害减产，必须重视农田排水，防止土壤渍害。

3.3.2　水资源

扬州市因水而建、缘水而兴，境内河湖众多、水系密布，水资源相对丰富。多年来，扬州市相继实施了河道疏浚、灌区改造、调水引流等一批水资源配置工程，为扬州市经济社会发展提供了重要支撑和保障。

2018 年，扬州市年降水量 1 146.6 mm，折合降水总量 72.9 亿 m^3，比 2017 年多 22.1％，比多年均值多 14.0％，属平水偏丰年。

扬州市水资源总量为 21.56 亿 m^3，其中地表水资源量 19.53 亿 m^3，地下水资源量（浅层）9.42 亿 m^3，重复计算水资源量 7.39 亿 m^3。

扬州市总供水量 33.46 亿 m^3，其中地表水供水量 33.01 亿 m^3，地下水开采量 0.16 亿 m^3，再生水用水量 0.29 亿 m^3。

2018 年扬州市共监测 5 座湖泊、1 座水库、55 条河流的水质状况，设立监测站点 90 个，全年监测总站次 1 129 次，其中 Ⅱ 类水质占总监测站次的 53.9％，Ⅲ 类水质占总监测站次的 28.9％，Ⅳ 类以下水质占总监测站次的 17.2％。

扬州市重点水功能区水质达标率为 91.4％，水功能区全覆盖监测水质达标率为 52.0％。

全市万元国内生产总值用水量 61 m^3，万元工业增加值用水量（含电厂）

27.7 m³，万元工业增加值用水量（不含电厂）9.7 m³，灌溉水有效利用系数 0.624。

水资源总量是由地表水资源量与地下水资源量相加后扣除两者之间相互转化的重复量而得。《江苏统计年鉴 2007》显示，扬州市 2006 年水资源总量 29.51 亿 m³，占江苏省水资源总量的 7.30%，其中地表水资源量为 25.24 亿 m³，地下水资源量为 6.31 亿 m³，地表水资源与地下水资源重复计算量为 2.04 亿 m³。目前，全市有效灌溉面积为 418.53 万亩，已达耕地面积的 90.67%，可见干旱的威胁较小。

（1）水面。扬州境内分为淮河和长江两大水系，江淮分水岭和通扬公路以北属淮河流域，以南属长江流域，境内河流纵横交错。全市水域面积 241.5 万亩，约占土地面积的 24.3%。自然水利条件非常优越，江都抽水站为南水北调东线取水点，提高了防御洪涝旱渍等自然灾害能力，改善了农业生产条件。

（2）地表水。境内降水及外来水均较丰富，地表水主要存在于河流、湖泊、沼泽等水体中，又称陆地水。2006 年年降水量 75.32 亿 m³，降水量年际变化也较大，常年在 1 000 mm 左右，丰水年份 1 200～1 800 mm，枯水年份 400～800 mm。境内多年平均径流量为 16.2 亿 m³，外来水主要来自长江。

（3）地下水。里下河及通南地区浅层地下水微咸，矿化度约 1.3 g/L，水质较差，而采取深层地下水的投资高，使用价值不大。

3.3.3 可利用水资源量及水质概况

可利用水资源量是指通过水利工程调节可利用的水量。流经扬州境内的长江、淮河年径流量很大，但由于工程限制和用水量相对集中，大多数水都排入了下游。根据对全市主要河流和月塘水库水质的监测，大部分地表水水质都优于Ⅳ类。影响地表水质的主要是有机物污染，主要超标污染河段为古运河、新通扬运河、北澄子河、宝射河、仪扬运河。地下水水质监测结果表明，扬州境内地下水水质都优于国家地面水Ⅱ类标准。

由于长江下游沿江城市化地区特有的地形、气象、水系条件，其水文规律十分复杂，洪、涝、潮、旱情交替出现，且沿江城市地区地处流域中下游，承泄上游汛期来水的同时又受下游潮汐的影响，外排易受阻，在遭遇当地暴雨时，极易形成外洪内涝灾害。随着长江下游沿江地区城市化进程的加快，如何在满足水资源、水环境、水生态、水景观等多种需求的情况下保障经济社会的安全成为沿江城市水系规划的重点（陈凌，2012）。

由于对水资源的不节制使用，传统的土地漫灌方式又导致水资源浪费严重。一直以来，江都区在推广应用高效节水灌溉工程上下功夫，扎实推进农田高效节水灌溉工程的建设。2016 年，江都区投资 2 458 万元，在宜陵、邵伯、真武、樊川等 6 个乡镇建设高效节水面积 14 600 亩，改十渠输水为高压管道输水，极大地提高了水的利用系数，避免了灌溉水在输送过程中的跑冒滴漏，在大幅度提高水的利用率的同时带动了农业生产方式的变革，改变了传统的农田水利建设方式，提高了土地利用率，改变了传统的劳作方式，大幅度降低了作业成本，提高了劳动生产率。

3.4　生物

3.4.1　生物种类

扬州地处长江、淮河交汇处，也是国家重点工程南水北调东线水源地，境内平原辽阔、水网密布、河湖众多，湿地资源丰富，生物多样性特色鲜明。近年来，扬州采取建设湿地自然保护区、湿地公园、湿地保护小区等形式保护湿地，并积极实施湿地修复工程，对重要的自然湿地资源进行修护。目前，扬州的重要和典型湿地、重要水禽栖息地、重要水源区湿地资源逐步得到保护，初步构建了扬州自然湿地生物多样性保护体系。经调查发现：邗江区陆生维管植物共计 500 多种，其中有 300 多种野生植物。邗江区区域内以香樟、悬铃木等行道树最为常见，最具代表性的植物为芍药和琼花。"初步调查结果显示，邗江区可能存在的哺乳动物大约有 24 种，包括江豚、水獭等 5 种国家重点保护动物和刺猬、猪獾等 4 种江苏省重点保护陆生野生动物。"鸟类是陆生野生动物中的一个大动物类群，与人类的生产、生活关系十分密切。邗江区记录过的鸟类共有 200 多种，雀形目鸟类种数最多，有 90 多种。常见的鸟类有喜鹊、乌鸫、斑鸠、麻雀、白鹭等。目前，通过现场调查并鉴定核实的物种有 78 种。此外，邗江区还首次发现了红脚苦恶鸟和斑头鸺鹠。

立地条件属于森林调查的一部分，是森林经营规划的基础。世界各国为不断提高森林生产力、合理地经营森林，在进行森林经营规划时常把立地条件放在重要地位。如民主德国在开展森林经营规划工作中，首先调查当地林业单位的立地条件，绘制立地图，并根据立地条件将全国划分为 4 个生长区，将每个生长区又划分为若干个生长小区。

扬州林地生态系统按照郁闭度和树种高度可分为有林地、疏林地、灌木林地和其他林地。受气候环境影响，扬州森林资源主要有针叶林、阔叶林、混交林、竹林。其中针叶林、混交林、竹林面积较小，阔叶林面积较大，在道路两侧、河流沿岸、风景区都有大面积分布。据统计，扬州市 2013 年底有林地面积 91 442 hm²，灌木林地面积 7 822 hm²，森林覆盖面积 137 033 hm²，森林覆盖率20.79％，林木覆盖率22.97％。

3.4.1.1 植物资源 种子植物约494种，其中木本植物274种，草本植物220种。其中银杏、莲、芦苇及各种花卉苗木、茶叶、桃、梨等都具有较高的经济价值。木本植物中雪松、黑松、水杉、槐、榆、柳、银杏、女贞、桃、香樟、枫杨等较常见，芍药、琼花、木芙蓉、竹类较具特色。藻类植物约163种，分别隶属于蓝藻门、绿藻门、裸藻门、硅藻门、金藻门、黄藻门、甲藻门等，常见物种有变异直链藻、梅尼小环藻、飞燕角甲藻、鱼球藻、布纹藻、铜绿微囊藻、红裸藻、小席藻等。扬州市常见苔藓植物4种，分别是葫芦藓、金发藓、银叶真藓和墙藓。扬州市常见蕨类植物9种，分别是凤尾蕨、问荆、蕨、瓶尔小草、海金沙、肾蕨、槐叶萍、满江红、蘋。据扬州市志记载，全市现有木本植物54科203种，草本植物45科220种，水生植物26科56种。植物群落中起主导作用的植物种群大致有以下五类：阔叶类树种，主要包括麻栎、栓皮栎、白栎、黄檀、榔榆、黄连木、朴树、刺槐、枫杨等。针叶树种，主要包括马尾松、黑松、杉木等。其他树种，包括野山楂、算盘竹、胡颓子、山胡椒、檵木等。草丛植物，主要包括狗牙根、白茅、黄背草等。沼泽和水生植物，主要包括芦苇、蒲草、菰、荇菜、光叶眼子菜、金鱼藻等。

全市已栽培农作物40多种，林、果、茶、桑、花卉等260多种，蔬菜60多种、300多个品种。耕地以栽培三麦、水稻、玉米等粮食作物为主；纤维作物有棉、麻；油料作物有大豆、花生、油菜等；绿肥作物有南苜蓿、紫云英、苕子、救荒野豌豆、田菁、柽麻等；水生作物有莲、慈姑、芡实等。此外，扬州中药材资源亦十分丰富。

扬州茶树栽培历史悠久，宋代曾作为"茶贡"。新中国成立后，茶叶生产得以发展，2003年全市茶园面积为27 180亩，产茶472 t。

扬州蚕业始于殷商，盛于唐宋。20世纪60年代，蚕茧产量居苏北之首，全省第三，仅次于苏州、镇江。2003年全市桑园面积56 027亩，蚕茧产量451.1 t。

3.4.1.2 动物资源 扬州市现有鸟类增至187种，约占全省鸟类种数的1/3以上。其中属国家Ⅰ级保护动物的有大鸨、丹顶鹤、东方白鹳、白鹳、黑颈鹤等。属于国家Ⅱ级保护动物的有小天鹅、鸳鸯、雀鹰、苍鹰、大天鹅、灰鹤等、白额雁等。爬行类动物约18种，有中华鳖、乌龟、丽斑麻蜥、赤练蛇、五锦蛇、翠青蛇、蝮蛇等。两栖类动物约有6种，主要有中华大蟾蜍、泽蛙、金线蛙、黑斑蛙、中国雨蛙、饰纹姬蛙等。兽类动物约14种，常见物种有刺猬、蝙蝠、水獭、猪獾、小家鼠、小灵猫等，其中小灵猫为国家Ⅱ级重点保护动物。此外，全市共有鱼类16科46属63种。其中鲤科鱼类最多，共37种，主要经济鱼类有鲚、大银鱼、鲤、鲫、青鱼、赤眼鳟、银鮈、杜氏拟鲿、白鲢、鳙、麦穗鱼等。

3.4.1.3　遗传资源多样性　大田作物种质资源约 102 种，主要包括水稻 31 种、小麦 28 种、大麦 9 种、油菜 5 种、玉米 26 种、棉花 3 种。蔬菜作物种质资源 51 种，包括辣椒 9 种、西瓜 8 种、马铃薯 6 种、白菜 5 种、番薯 3 种、甘蓝 2 种、白萝卜 2 种、芹菜 2 种、大豆 14 种。畜禽动物品种主要有猪、牛、羊、兔、鸡、鸭、鹅。其中猪 7 种、牛 2 种、羊 5 种、兔 3 种、鸡 6 种、鸭 4 种、鹅 4 种。此外还有特种畜禽美国王鸽、梅花鹿和鹌鹑。

3.4.2　病虫害状况

在农作物生长发育期间往往会发生多种病虫害，不但对农作物的健康生长产生不良影响，还会降低农作物产量，威胁食品安全（李世香，2022）。

扬州市的病害种类约 9 种，其中：黄化病为香樟和女贞的主要病害，为害等级分别为 4 级与 3 级；穿孔病是美人梅和榆叶梅的主要病害（纪开燕，2021），为害等级均达到 3 级；红花檵木、黄杨、石楠等炭疽病普遍发病级别达到 3～4 级；白粉病主要发生于紫薇，发病级别 4 级。害虫种类约 10 种。大灰象甲主要为害金边黄杨，网蝽主要为害海棠、杜鹃、香樟等，为害程度均为重度，其余为次要害虫。针对病虫害发生情况，除采用园林技术措施外，还可采用物理、生物、化学等控制技术进行防治。

引起病害的病原主要有真菌和生理性因素。其中，女贞黄化病、香樟黄化病、美人梅流胶病属非侵染性病害，黄化病主要由土壤质地较差、土壤偏碱性、地面硬化、铁和氮元素含量过低等原因引起。流胶病主要由土壤贫瘠、肥水不足、修剪不当、病虫害严重等引起。病害发生时间主要在春、秋季，女贞黄化病、香樟黄化病终年皆可发生，炭疽病、褐斑病、白粉病、煤污病等真菌性病害一般以菌丝体在病叶、枝梢等病组织上越冬，翌年春天温度回升后，产生分生孢子，借风雨或昆虫传播蔓延，可延续到植物生长季节末期（薛秦霞，2021；莫渟，2020）。

以下是病虫害的防治对策。

3.4.2.1　提高农作物种植技术水平　现阶段，先进的科学技术已经被广泛应用于各大领域。在病虫害防治过程中，也可以通过科学技术实现自动化管理，动态监控病害实时状况，一旦发现问题可第一时间加以防范。这样不仅可以减轻种植人员的工作负担，还在一定程度上提高了病虫害防治工作质量和效率。

3.4.2.2　普及病虫害防治知识　为了提高病虫害防治效率，相关部门需积极为各地区的农业种植人员传播病虫害防治知识，普及基本病虫害防治要点和技巧，有效减少病虫害损失。例如在防治蚜虫过程中，技术人员可以向当地种植人员讲解土壤成分和农作物生长情况，深入分析其是否感染虫害，使用物理防治法诱杀成虫，还可以进行药剂搅拌，并在种植前使用 70％噻虫嗪种衣剂包衣，苗期防治蚜虫效果最好。

3.4.2.3 加强生产管理 种子抗逆性较强不但可以适应多样化的环境条件，还可以有效抵挡病虫害侵袭，确保农作物质量和生产效率。在播种前需做好准备工作，结合当地气候条件和地理条件等选择不同抗性的种子，在气候干燥、温差较大的地区，在播种前需暴晒种子，在温水中进行浸种，第一时间检查出不达标的种子，确保种子具备良好的生长态势。另外还要科学选择播种时间，尽量避开病虫害高发阶段，确保农作物健康生长，注意田间卫生状况，控制杂草，尽量不要给病虫害提供越冬的条件。

3.4.2.4 加强种植人员技术指导 种植人员的专业能力和知识水平直接对病虫害防治效果产生影响。需不断加大对农业种植人员的技术指导，农业种植人员需深入田间，掌握农作物生长规律和状态，积累更多农业生产经验。相关政府部门和农业合作社需给予支持和重视，定期组织病虫害防治培训活动和技术宣传活动，让更多的农业种植人员掌握更先进的病虫害防治技术，为农业种植病虫害防治工作提供更多技术支持和政策支持。

3.4.2.5 维持生态平衡 防治农业病虫害时，需引入不同类型的农作物品种，丰富农业生产结构，逐渐形成一个均衡的生态环境，进而有效防控病虫对农作物的侵害。综上所述，农业病虫害防治工作并不是一蹴而就的，相关技术人员和农业部门需根据病虫害出现原因、时期等因素结合当地发展情况构建科学有效的防治体系，确保农业稳定发展（莫淳，2020）。

第4章　耕地土壤属性

4.1　耕地土壤物理性状评价

4.1.1　土壤质地

　　根据丁文斌、蒋光毅等（2017）的研究，土壤物理性质是坡耕地合理耕层构建的主要调控指标，土壤机械组成、容重及孔隙直接关系农作物生长期间的水、热、气条件，土壤机械组成也是影响土壤肥力的重要物理性质之一。土壤物理性状是耕地的重要肥力因素，与作物生长过程中水、肥、气、热供应状况有着密切的关系，能反映农业生产的综合性能。土壤物理性状主要包括土壤容重、土壤质地、土壤耕层厚度、土壤障碍层类型、土壤障碍层出现位置等。土壤物理特征中，容重与沙粒含量、非毛管孔隙度极显著正相关，与粉粒含量显著负相关，与黏粒含量、总孔隙度、毛管孔隙度、含水量、持水量极显著负相关；总孔隙度与粉粒含量、黏粒含量、毛管孔隙度、含水量、持水量极显著正相关，与非毛管孔隙度显著负相关，与沙粒含量极显著负相关；毛管孔隙度与粉粒含量显著正相关，与黏粒含量、含水量、持水量极显著正相关，与沙粒含量、非毛管孔隙度极显著负相关；非毛管孔隙度与粉粒含量显著正相关，与黏粒含量、含水量、最大持水量、非毛管持水量极显著正相关，与沙粒含量、毛管持水量极显著负相关。土壤水分特征中，含水量与粉粒含量显著正相关，与黏粒含量、持水量极显著正相关，与沙粒含量极显著负相关；最大持水量与粉粒含量、黏粒含量、毛管/非毛管持水量极显著正相关，与沙粒含量极显著负相关；毛管持水量与粉粒含量显著正相关，与黏粒含量、非毛管持水量极显著正相关，与沙粒含量极显著负相关；非毛管持水量与粉粒含量显著正相关，与黏粒含量极显著正相关，与沙粒含量极显著负相关（宋思梦等，2022）。

　　按照卡钦斯基制分类制（表4-1），扬州市以重壤土、中壤土、轻黏土为主，占总耕地面积的92.01%。其中重壤土的占比比较大，整体来说全市土壤质地是比较理想的，相应的耕地生产性能比较好。

表4-1　扬州市主要土壤质地统计表

质地	面积（m²）	比例（%）
中壤土	58 679	19.15

（续）

质地	面积（m²）	比例（%）
中黏土	558	0.18
松沙土	28	0.01
沙壤土	15 285	4.99
紧沙土	3 054	1.00
轻壤土	5 524	1.80
轻黏土	39 609	12.93
重壤土	183 621	59.93
重黏土	53	0.02

4.1.2 土壤耕层厚度

耕作层是农作物根系分布最密集的土壤层次，禾本科作物的根系 60% 以上存在于耕作层，因此，耕层厚度在一定程度上反映了土壤养分库的容积。土壤入渗性能与坡面地表径流和土壤侵蚀程度密切相关，直接关系到坡耕地耕层土壤生产性能及退化程度（韩丹等，2012）。土壤库容受土壤质地、土壤孔隙结构、土壤有机质及土壤耕层厚度因素综合影响，土壤容重越小、沙粒含量和有机质含量越高、土壤的团聚结构越好，则土壤孔隙越大、通气性越好，土壤最大有效库容也就越大，即土壤的蓄水能力也就越强。耕层土壤力学性能评价在农业生产各项活动中被广泛应用，如改善土壤耕性、优化土壤结构力稳性、提高车辆通过性、增强土壤承载力等。土壤力学性质主要有土壤抗剪强度和土壤贯入阻力等指标。土壤抗剪强度是表征土体力学性质一个重要指标，直接反映了在外力作用下发生剪切变形的难易程度（宋思梦等，2022）。

根据第二次土壤普查资料，全市耕层厚度大于 17 cm 的土地面积占 18.50%，13～17 cm 的土地面积占 50.50%，小于 13 cm 的土地面积占 30.95%。20 多年来，种植业结构调整，耕作制度演变，耕作层厚度有了较大的变化。耕地质量定位监测结果和第二次土壤普查以后 5 年一次的土壤养分状况调查结果表明：扬州市耕地土壤耕层厚度呈逐渐下降的趋势。2005 年全市平均耕层厚度为 13.73 cm，耕层厚度大于 17 cm 的土地面积占 10.55%；13～17 cm 的土地面积占 45.70%；小于 13 cm 的土地面积占 43.95%。与第二次土壤普查相比：耕层厚度大于 17 cm 的土地占比下降了 7.95%，13～17 cm 的下降了 4.8%，小于 13 cm 的上升了 13%。耕层厚度变浅的主要原因是自 1979 年以来，农村使用铧犁耕翻的土地面积越来越小，铧犁逐步被圆盘旋耕机取代，圆盘旋耕机最大耕翻深度在 13 cm 左右，加之机手为了追求工作效率，大多情况下达不到13 cm，长期以来，导致耕作层逐渐变浅。

耕层厚度小于 13 cm 的土壤主要包括高沙土属、灰沙土属、淤泥土属及上位砂姜土和中位砂姜土等，这类土壤质地较轻（轻壤至中壤），土壤养分含量较低，是扬州市的主要低产土壤。定期进行深耕改土，结合施用有机肥，逐步加深耕作层，对土壤改良具有重要意义。

4.1.3　土壤障碍层次

土壤障碍层是土壤在发生发育过程中形成的不利于农作物生长的土壤剖面层次。根据 1979 年第二次土壤普查资料，耕地土壤的障碍层主要有黑土层、白土层、砂姜层、夹沙层等。土壤侵蚀减少了植物可利用有效水分，损失了土壤营养物质，破坏了土壤肥力结构，影响了农业耕作制度，从而严重地降低了土壤质量（Rudd et al.，2021）。黏盘层、网纹层等障碍层的低渗透性是造成湿害的一个重要原因，这些障碍层不仅影响土壤水分的下渗，还导致土壤保水容量下降，导致旱害（Rigby et al.，2019）。土壤是在五大成土因素的共同作用下形成的，在土壤剖面上表现出各个互相排列组合的层次。而在人为活动影响下，尤其是在耕作措施影响下，在自然土壤剖面各个互相排列组合层次下又会出现新的互相排列组合的层次，即耕作土壤的土体构造（陈仕高等，2016）。耕地土壤障碍层对耕地生产能力的影响随障碍层类型、厚度和出现位置的不同而变化，现就其分布和对生产的影响程度分述如下：

4.1.3.1　黑土层　具有黑土层的土壤分布在里下河地区。质地比较黏重，容重大，非毛管孔隙小，影响作物根系伸展和水分渗透，易滞水形成渍害。在黑土坡耕地侵蚀沉积分异明显且冻融循环频繁交替的情况下，各坡位土层结构以及通气孔隙度随含水率和温度的季节性变化对有机碳矿化可产生不可忽略的影响。黑土是温带草原草甸条件下形成的土壤，其自然植被为草原化草甸植物，也就是俗称的"五花草塘"。一般这种土壤母质绝大多数为黄土性黏土，土壤质地黏重，透水不良，且有季节性冻层，上层容易滞水。夏季多雨时期，在临时性滞水和有机质分解产物的影响下形成还原条件，土壤中的铁锰元素发生还原反应，并随水移动，至干旱期又被氧化沉淀。年复一年，黑土层就此形成。

4.1.3.2　白土层　具有白土层的土壤主要分布于低丘缓岗地区，土壤粗粉粒比例大，养分含量低，影响作物生长，属低产土壤类型。白土层是指土壤中游离氧化铁含量较低、白色物质占优势的土层，其形成通常被认为是漂洗过程（或白浆化过程）、黏粒淋淀、灰化过程和碱化过程等的结果（龚子同等，

2007)。实际上,土壤中白土层的存在并不一定与具体的成土过程有关,有时很可能是特定母质特征的体现,因此,在土壤调查中可能会夸大"漂白层"的存在。由于"漂白层"是土壤物质淋失的结果,不能等同于一般意义上的白土层。因此,在土壤调查研究中,如何把真正发生漂白离铁作用形成的"漂白层"与非漂白作用产生的白土层区别开来,是准确鉴定含"漂白层"土壤类型的前提。我国南方地区土壤中白土层出现的深度、厚度及其质地、游离氧化铁和有机质含量等性状有较大的变化。白土层的成因除与离铁漂白作用有关外,还受特殊母质的影响,后者与成土母质中游离氧化铁含量较低及叠加母质引起剖面上下颜色分化等有关(张明奎等,2019)。

4.1.3.3 砂姜层 砂姜层也是钙积层的一种,在钙积层,碳酸钙与矿粒胶结为姜状结核,砂姜结核的主要成分仍然是碳酸钙。具有砂姜层的土壤分布于通扬河和三阳河附近,土壤养分含量不高,砂姜层影响耕作和作物根部生长,且易漏水漏肥,砂姜层越高影响越大,亦属低产土壤类型。

4.1.3.4 夹沙层 在自然界,由于气象、水文、地质和生物过程的作用,土壤呈现交错分布的层状结构。夹沙层不仅能抑制毛管的潜水上升还有利于下行重力水的渗透,脱盐系数大。沙层会影响毛管水上升的高度和速度,毛管水到达土表的时间随沙层厚度的增加、层位的升高以及级配的变差而延长,但沙层级配对于水分的阻滞作用最大。沙层影响各层土壤含水量的分布,在水分达到平衡状态时沙层以下土壤含水量大于均质土而沙层以上土壤含水量则小于或接近均质土。沙层能明显降低地下水的蒸发量,但夹沙层土柱的蒸发量随沙层厚度的增加而降低,而表沙层土柱的蒸发量则随沙层厚度的增加而增强(张莉等,2010)。具有夹沙层的土壤表土层质地为中壤,心土或底土质地为沙壤。这类土壤易漏水漏肥,养分含量极低。

4.1.4 土壤容重

土壤是植物赖以生存的物质基础(Acua et al.,2021),其物理性质与水分特征可度量区域生态系统土壤质地与水源涵养功能(Rudd et al.,2021)。作为物理性质的重要指标,容重与孔隙度是土壤水分、养分及微生物等的重要通道与活动场所(Rigby et al.,2019),容重越大,孔隙度越小,则土壤越紧实,退化趋势越明显,越易发生侵蚀,反之则土壤越疏松,透水透气性越好,越易保持水土(Rudd et al.,2021;Rigby et al.,2019;Horn et al.,1994)。作为水分特征的重要指标,含水量与持水量是土壤化学性质变化的重要因素与植物生长发育的必要条件(Rigby et al.,2019),一定范围内含水量越高,持水量越大,则土壤储存与调节水分能力越强,反之越弱(卢立娜等,2015)。

土壤容重是衡量土壤环境优劣的重要指标，直接影响土壤通气状况、作物根系穿透阻力及水肥供应等因素。土壤容重是单位体积自然状态下的土壤干重量，其数值大小可以反映土壤结构、土体松紧程度及通气性好差等状况，是衡量土壤物理性状的重要指标之一。容重小则表明土壤疏松，团粒结构好，水、气协调，适合作物生长；容重大则表明土壤紧实，结构性差，水、气不协调，不易满足作物高产稳产对土壤条件的需求。土壤孔隙的连续性与稳定性是直接影响作物根系生长和养分运输的重要因素（丁文斌等，2017）。

第二次土壤普查结果表明，全市土壤容重小于 1.2 g/cm³ 的比较适宜的耕地面积占 11.09%，1.2～1.3 g/cm³ 的占 42.14%，大于 1.3 g/cm³ 的占 46.77 g/cm³。

20 多年来，扬州市的种植业结构、耕作制度、施肥制度都有了很大的变化，土壤容重也相应地有了较大幅度的改变。根据全市 31 个耕地质量长期定位点土壤容重测定结果（用监测点自身动态数据说明），最小值为 1.15 g/cm³，最大值为 1.52 g/cm³，平均值为 1.32 g/cm³，表明扬州市耕地土壤容重有增大的趋势，主要是由于近几年农民不施有机肥、采用免耕种植、肥料施用的比例不合理等。在今后对耕地的使用中，要采取加大有机肥料投入、合理施用化学肥料、定期进行深耕、用养结合等措施，保证满足作物高产稳产的需求。

4.2　扬州市耕地土壤肥力 30 年变异特征及其主控因素分析

土壤肥力是衡量土壤提供作物所需养分能力的重要指标（柳开楼等，2018），是土壤的主要功能和本质属性（崔潇潇等，2010），是土壤物理、化学和生物性质的综合反映（孙晓兵等，2019）。土壤养分含量及其空间分布特征是土壤肥力的重要标志（张甘霖等，2018；郑永林等，2018），正确评价土壤肥力对合理规划、科学施肥、合理种植以及耕地资源可持续利用具有重要意义。粮食安全的根本在耕地，关键在耕地的土壤肥力。

影响耕地土壤肥力演变的因素较多且有差异（胡建利等，2008），如成土母质（Rasmussen et al.，2005）、土壤类型（代子俊等，2018）、耕地管理措施（Gelaw et al.，2014）、地形因子（Prietzel et al.，2014）和土地利用方式（罗由林等，2016）等。内梅罗指数法、因子分析法、相关系数法、主成分-聚类分析法等是土壤肥力的主要评价方法。内梅罗指数法（包耀贤，2012）的优点是计算评价土壤肥力指标数学过程简洁、运算方便、相同参数可比性强，同一级别各属性分肥力系数较接近，可比性高，测定值超过上限时，分肥力指数不再提高，反映了作物对土壤属性的要求不是越高越好的实际；因子分析法（孙波等，1995）的优点是将土壤肥力多个评价指标转化减少为几个土壤肥力新指标，使复杂问题简单化；相关系数法（骆伯胜等，2004）的优点是确定土壤肥力的权重值客观，避免主观因素的影响；主成分-聚类分析法（陈欢等，2014）的优点是主成分函数中的特征值可以反映各土壤肥力指标对土壤肥力的影响程度以及能够很好处理指标间的多重相关性，能够客观评价肥力质量差异。土壤肥力的评价尺度一般分为区域尺度（王乐等，2018；武红亮等，2018）、县域尺度（周王子等，2016）、镇域尺度（余泓等，2017）、田块尺度（韩平等，2009）等。

扬州市地处长江中下游粮食主产区，该地区平原区域土壤多为水稻土、潮土、沼泽土等，丘陵山地土壤多为红壤、黄壤、黄棕壤等（李建军等，2015），科学评价扬州市的土壤肥力对长江中下游耕地乃至全国的粮食安全保障至关重要。扬州市既有平原地形，又有丘陵地形，在长江中下游粮食主产区中具有典型的代表性。本研究以扬州耕地土壤为对象，采用内梅罗指数法和地统计学方法对1984年和2014年两期耕地土壤肥力进行评价，分析30年的耕地土壤肥力变异特征，探析种植制度、施肥等农艺措施对耕地土壤肥力变异的影响特征，以期为耕地保育及科学施肥提供科学依据。

4.2.1 研究区域概况

扬州市地处江苏中部，南邻长江，属于亚热带湿润气候区，四季分明，雨量充沛，雨热同季，光热水资源较好。可满足小麦、棉花、水稻、各种蔬菜生长，对农业发展极为有利，是国家重要的商品粮基地。境内地貌类型以平原为主，地势西高东低，地貌类型分为里下河洼地、高沙土地区、沿江圩田地区和低丘缓岗4个农业区。成土母质可分为湖相沉积物、黄泛冲积物、黄淮冲积物、黄土母质、基岩残积物、下蜀黄土、长江冲积物、长江淤积物。土壤类型分为水稻土、潮土、黄棕壤、沼泽土4个土类；根据主导形成过程不同的发育阶段或次要的形成过程等因素细分为11个亚类；依据成土母质类型、水文地势条件分成25个土属；依据1 m深度的土体层次排列细分为101个土种。

4.2.2 数据来源

数据为1984年第二次土壤普查（4 107个样点）和2014年（6 009个样点）土壤养分调查数据。数据指标包括土壤pH、有机质、全氮、有效磷和速效钾等肥力评价因子以及各调查点的地貌类型、成土母质、土壤类型、质地、施肥情况等因子。相关肥力评价因子测定方法参见《土壤农业化学分析方法》（鲁如坤，2000）。

4.2.3 土壤肥力评价方法

耕地土壤肥力评价方法：按照标准化处理方法对各调查点土壤 pH、有机质、全氮、有效磷、速效钾等肥力评价因子数据进行标准化，消除各肥力评价因子之间的量纲差别（秦周明等，2000；王绪奎等，2009）。耕地土壤肥力评价因子分级标准见表4-2。

表4-2 耕地土壤质量评价因子分级标准

参评因子	X_{max}	X_{mid}	X_{min}
pH（<7.0）	6.5	6.0	5.0
pH（≥7.0）	8.5	8.0	7.5
有机质（g/kg）	30	20	10
全氮（g/kg）	1.50	1.00	0.75
有效磷（mg/kg）	20	10	5
速效钾（mg/kg）	150	100	50

耕地土壤肥力质量评价方法：采用较为客观的内梅罗（Nemerow N.C.）公式评价耕地土壤肥力，并修正如下：

$$Q=\sqrt{\frac{(\overline{P_i})+(P_{imin})^2}{2}\times\frac{n-1}{n}}$$

式中：Q 为耕地土壤肥力质量指数；$\overline{P_i}$ 为样品中单质量指数的均值；P_{imin} 为各种样品单质量指数的最小值；n 为参评因子个数。其中，P_{imin} 代替了内梅罗公式中的 P_{imax}，并加上修正 $(n-1)/n$，一方面突出了土壤属性因子中最差因子对土壤质量的影响，反映了生态学中作物生长的最小因子定律，另一方面增加修正项后，提高了该评价结果的可信度，参与评价的因子越多，$(n-1)/n$ 的值越大，可信度越高（秦周明，2000）。根据土壤肥力质量指数及土壤普查资料，可将土壤肥力质量分为4级：优（Ⅰ，质量指数≥2.0）、良（Ⅱ，质量指数为2.0～1.5）、中（Ⅲ，质量指数为1.5～1.0）、差（Ⅳ，质量指数<1.0）（秦周明等，2000；张庆利等，2003；王绪奎等，2009）。

主控因素分析方法：通过方差分析和逐步回归分析研究成土母质、土类、亚类、土壤质地、土地利用方式对研究区耕地土壤肥力空间变异的影响程度及主控因素。成土母质、土类、亚类、土壤质地、土地利用为多分类变量，进行回归时采用哑变量为其赋值，哑变量具体赋值方法参照李丽霞等的《哑变量在统计分析中的应用》中的方法（李丽霞等，2006）。

基础数据采用 Excel 2013 进行处理，使用 SPSS 23.0 进行统计学分析，采用 GS+7.0 进行土壤肥力指数半方差函数拟合，根据计算出的半方差的模型及参数，基于 ArcGIS10.1 软件进行空间插值及图件绘制。

4.2.4 土壤肥力指标体系的建立

4.2.4.1 耕地土壤肥力指标统计特征 由表 4-3 可知，2014 年扬州市耕地土壤 pH、有机质、全氮、有效磷、速效钾平均值分别为 6.74、27.63 g/kg、1.64 g/kg、27.63 mg/kg、99.00 mg/kg。与 1984 年相比，30 年间耕地土壤 pH 和速效钾含量降低了 0.77 和 9.00 mg/kg，有机质、全氮和有效磷含量则分别增加了 6.01 g/kg、0.33 g/kg、21.21 mg/kg。各指标的变异系数差别较大（9.32%～79.28%），其中土壤 pH、全氮和速效钾含量年度间变异稳定，土壤有机质和有效磷年度间变异较大；1984 年和 2014 年各指标均呈正态分布或对数正态分布。

表 4-3 扬州市土壤肥力指标统计特征

指标	年份	最小值	最大值	均值	中位数	标准差	变异系数（%）	样本数	峰度	偏度	分布类型
pH	1984	4.40	9.5	7.51	7.70	0.70	9.32	4 107	0.90	−1.05	对数正态分布
	2014	4.00	8.8	6.74	6.60	0.94	13.95	6 009	−1.23	0.15	正态分布
有机质（g/kg）	1984	1.00	193.0	21.62	20.20	11.34	52.45	4 107	40.72	4.47	对数正态分布
	2014	3.92	119.6	27.63	26.97	8.31	30.07	6 009	5.67	0.97	正态分布
全氮（g/kg）	1984	0.61	8.0	1.31	1.26	0.44	33.59	4 107	38.72	3.75	对数正态分布
	2014	0.50	5.93	1.64	1.59	0.42	25.61	6 009	6.71	3.26	正态分布
有效磷（mg/kg）	1984	1.00	73.0	6.42	5.00	5.09	79.28	4 107	17.92	3.26	对数正态分布
	2014	3.92	119.6	27.63	26.97	8.31	30.07	6 009	19.34	2.81	正态分布
速效钾（mg/kg）	1984	10.00	543.0	108.00	101.00	51.91	48.06	4 107	−0.41	0.49	对数正态分布
	2014	22.00	292.0	99.00	94.00	36.67	37.04	6 009	5.95	1.49	对数正态分布

4.2.4.2 耕地土壤肥力指标变异特征分析 基于地统计学的半方差函数计算与模型拟合结果可知（表 4-4），有效磷、速效钾、pH 的最优拟合模型为指数模型，有机质和全氮 1984 年、2014 年的最优拟合模型分别为指数模型和高斯模型，模型参数的不同能够反映各肥力指标的空间分布特征。1984 年和 2014 年耕地土壤肥力指标的块金系数在 0.252～0.443。

表 4 - 4 扬州市土壤肥力指标半方差函数理论和参数

指标	年份	理论模型	变程（km）	块金值	基台值	块金系数	R^2	RSS
有机质	1984	指数模型	26.2	0.035 6	0.135	0.264	0.728	6.22×10^5
	2014	高斯模型	38.5	0.042 6	0.105	0.406	0.685	2.27×10^3
全氮	1984	指数模型	19.5	0.021 3	0.084 5	0.252	0.758	4.16×10^5
	2014	高斯模型	30.6	0.045 6	0.103	0.443	0.703	5.48×10^3
有效磷	1984	指数模型	40.5	0.065 3	0.218	0.300	0.725	4.38×10^3
	2014	指数模型	76.5	0.093 7	0.285	0.329	0.656	2.58×10^3
速效钾	1984	指数模型	32.8	0.041 8	0.125	0.334	0.825	2.53×10^3
	2014	指数模型	58.5	0.050 5	0.118	0.428	0.768	2.11×10^3
pH	1984	指数模型	36.3	0.025 6	0.064	0.400	0.762	5.62×10^5
	2014	指数模型	65.2	0.032 9	0.099	0.334	0.735	4.27×10^5

4.2.4.3 耕地土壤肥力质量变异特征 1984 年与 2014 年扬州市耕地土壤肥力指数平均值分别为 1.28 和 1.59（表 4 - 5），变异系数分别为 20.94% 和 19.18%，分别处于Ⅲ级和Ⅱ级水平，且年度间稳定，服从正态分布。30 年间扬州市耕地土壤肥力水平提升显著，耕地土壤肥力指数增加了 0.31。

表 4 - 5 扬州市耕地土壤肥力指数统计特征

年份	最小值	最大值	均值	中位数	标准差	变异系数（%）	样本数	峰度	偏度	正态分布检验	分布类型
1984	0.49	2.40	1.28	1.28	0.27	20.94	4 107	0.12	0.25	0.18	正态分布
2014	0.41	2.43	1.59	1.59	0.30	19.18	6 009	−1.29	−0.30	0.22	正态分布

表 4 - 6 表明，1984 年与 2014 年扬州市耕地土壤肥力指数的最优理论模型均为指数模型，决定系数较高。1984 年扬州市耕地土壤肥力评价的块金值、基台值和块金系数分别为 0.009 12、0.071 2 和 0.128，2014 年分别为 0.047 40、0.133 0 和 0.360。2014 年块金系数比 1984 年增加 1.8 倍，表明耕地土壤肥力指数空间自相关程度降低，受随机性因素的影响增加。

表 4 - 6 扬州市耕地土壤肥力指数半方差函数理论模型和参数

年份	理论模型	变程（km）	块金值	基台值	块金系数	R^2	RSS
1984	指数模型	38.3	0.009 12	0.071 2	0.128	0.754	3.12×10^3
2014	指数模型	87.6	0.047 40	0.133 0	0.360	0.923	7.17×10^3

4.2.4.4 耕地土壤肥力质量时空变异特征 根据所得半方差函数理论模型和参数进行克里格插值,绘制了耕地土壤肥力指数空间分布图,表 4-7 中列出了扬州市耕地土壤肥力质量变化情况。1984 年扬州市耕地土壤肥力等级为 I 级、II 级、III 级和 IV 级的耕地分别占 0.01%、13.88%、73.27% 和 12.85%,其中:III 级最多,在扬州市各县区均有分布;II 级次之,主要分布在宝应县、高邮市;IV 级主要分布在江都区、仪征市。2014 年土壤肥力等级为 I 级、II 级、III 级和 IV 级的耕地分别占 5.61%、76.20%、18.16% 和 0.03%,其中:II 级最多,在各县区均有分布;III 级次之,主要分布在江都区、仪征市;I 级主要分布在宝应县、高邮市。30 年间,扬州市耕地土壤肥力质量上升显著,I 级和 II 级耕地面积占比增加较大,增加量为 1 993.59 km²,III 级耕地占比则下降较多。

表 4-7 1984 年和 2014 年扬州市耕地土壤肥力质量变化特征

肥力等级	1984 年		2014 年		变化量（km²）
	面积（km²）	比例（%）	面积（km²）	比例（%）	
I	0.40	0.01	164.80	5.61	164.40
II	407.24	13.88	2 236.43	76.20	1 829.19
III	2 150.35	73.27	532.86	18.16	−1 617.50
IV	377.00	12.85	0.91	0.03	−376.09

土壤肥力由 III 级转化为 II 级的耕地面积最大,转化面积为 1 473.16 km²,占 III 级转出面积的 94.51%,广泛分布于里下河地区和湖相平原及低丘缓岗冲田;IV 级转化为 II 级和 III 级的耕地面积分别为 219.82 km² 和 114.31 km²,分别占 IV 级转出面积的 65.79% 和 34.21%,主要分布于沿江圩区、里下河中部及滨湖圩区;其余等级转化面积均在 100 km² 左右,零星分布于湖荡低洼地区、湖相平原及低丘缓岗冲田。

4.2.4.5 土壤肥力变异的影响因素 研究区耕地土壤肥力变异由成土母质、土壤类型、土地利用等结构因素以及人为耕作施肥等随机因素共同决定。据统计,2014 年化学肥料投入量为 46.89 万 t,比 1984 年增加了 2.25 倍,但耕地之间化肥投入水平波动不大。本研究主要从成土母质、土壤类型、土壤质地、土地利用方式 4 个方面探讨它们对耕地上壤肥力变异的影响。

(1) 成土母质。1984 年和 2014 年不同成土母质的土壤肥力存在显著差异。表 4-8 表明,1984 年各成土母质耕地土壤肥力指数变异系数为 14.22%~21.61%,平均变异系数为 18.84%,2014 年变异系数为 6.82%~30.60%,平均变异系数为 16.00%,与研究区耕地土壤肥力指数变异系数基本一致。

1984 年湖相沉积物母质耕地土壤肥力指数最高，为 1.40，基岩残积物耕地土壤肥力最低，为 1.09，都处于Ⅲ级水平；2014 年黄泛冲积物母质耕地土壤肥力指数最高，为 1.89，下蜀黄土耕地土壤肥力指数最低，为 1.37，都处于Ⅲ级水平；但 2014 年耕地土壤肥力指数明显比 1984 年有较大幅度的提升。

表 4 - 8　1984 年和 2014 年成土母质对土壤肥力质量指数的影响

成土母质	1984 年耕地土壤肥力指数				2014 年耕地土壤肥力指数			
	样点数 （个）	平均值	标准差	变异系数 （%）	样点数 （个）	平均值	标准差	变异系数 （%）
湖相沉积物	1 139	1.40aA	0.26	18.48	1 455	1.77abAB	0.23	13.22
黄泛冲积物	144	1.33abcA	0.25	18.83	171	1.89aA	0.23	11.98
黄淮冲积物	598	1.35abA	0.21	15.59	992	1.74bcABC	0.26	15.03
黄土母质	157	1.17cdAB	0.25	21.22	378	1.43eDE	0.24	16.82
基岩残积物	23	1.09dB	0.15	14.22	46	1.38eE	0.42	30.60
下蜀黄土	885	1.18bcdAB	0.25	21.61	1 789	1.37eE	0.27	19.92
长江冲积物	1 126	1.20bcdAB	0.26	21.55	1 120	1.58dBCD	0.21	13.57
长江淤积物	35	1.25abcdAB	0.24	19.24	58	1.63cdBC	0.11	6.82

注：同列不同小写、大写字母分别表示差异达 $P<0.05$ 和 $P<0.01$ 水平。

（2）土壤类型。研究区土壤分为水稻土、潮土、黄棕壤、沼泽土 4 个土类，共有 11 个土壤亚类。由表 4 - 9 可知，1984 年和 2014 年 6 个亚类水稻土的耕地土壤肥力指数存在显著差异，指数最高的为脱潜型水稻土，最低的为淹育型水稻土。可见，不同亚类水稻土的肥力水平存在明显差异。潮土和黄棕壤分别有两个亚类，1984 年和 2014 年耕地土壤肥力指数也存在显著差异。

表 4 - 9　1984 年和 2014 年不同亚类对土壤肥力质量指数的影响特征

亚类	1984 年耕地土壤肥力指数				2014 年耕地土壤肥力指数			
	样点数 （个）	平均值	标准差	变异系数 （%）	样点数 （个）	平均值	标准差	变异系数 （%）
侧渗型水稻土	301	1.19bcBC	0.24	20.43	642	1.38cD	0.28	19.94
渗育型水稻土	934	1.20bcBC	0.24	20.14	1 058	1.55bC	0.24	15.44
脱潜型水稻土	979	1.38aA	0.26	18.98	1 309	1.74aA	0.24	13.75
淹育型水稻土	107	1.17cBC	0.26	22.56	249	1.30dD	0.25	19.44
潴育型水稻土	1 353	1.30abAB	0.26	20.11	2 213	1.61bBC	0.32	19.86

（续）

亚类	1984 年耕地土壤肥力指数				2014 年耕地土壤肥力指数			
	样点数（个）	平均值	标准差	变异系数（%）	样点数（个）	平均值	标准差	变异系数（%）
潜育型水稻土	136	1.36aA	0.26	18.96	153	1.70aAB	0.32	19.15
黄潮土	37	1.34aA	0.34	24.99	67	1.60bBC	0.35	22.05
灰潮土	144	1.14cC	0.29	25.28	132	1.55bC	0.21	13.74
粗骨黄棕壤	10	1.16cC	0.23	19.58	31	1.36cdD	0.27	19.92
黏盘黄棕壤	59	1.19bcBC	0.22	18.86	121	1.41cD	0.27	19.20
腐泥沼泽土	47	1.37aA	0.21	15.03	34	1.71aAB	0.26	15.39

（3）土壤质地。土壤质地能够直接影响土壤的孔隙状况，进而会对土壤的通气透水性和保水保肥性产生影响。研究区土壤以重壤土、中壤土、轻黏土为主，占总耕地面积的 90% 以上。1984 年和 2014 年不同质地土壤的肥力指数都存在显著差异，各年间趋势基本一致（表 4-10）。1984 年各质地耕地土壤肥力指数变异系数为 19.67%～23.48%，平均变异系数为 20.85%，2014 年变异系数为 13.23%～19.28%，平均变异系数为 16.18%，1984 年和 2014 年不同质地土壤之间均属于中等变异，与研究区耕地土壤肥力指数变异系数基本一致。

表 4-10　1984 年和 2014 年土壤质地对土壤肥力指数的影响

土壤质地	1984 年耕地土壤肥力指数				2014 年耕地土壤肥力指数			
	样点数	平均值	标准差	变异系数（%）	样点数	平均值	标准差	变异系数（%）
轻壤土	220	1.00dC	0.23	23.08	456	1.52cdC	0.21	13.64
轻黏土	138	1.38aA	0.25	18.36	152	1.82aA	0.24	13.23
沙壤土	226	1.03dC	0.24	23.48	419	1.55cC	0.25	16.23
中壤土	1 035	1.24cB	0.24	19.67	1 488	1.48dC	0.28	18.54
重壤土	2 488	1.33bA	0.24	19.67	3 534	1.63bB	0.31	19.28

（4）土地利用方式。不同的土地利用方式条件下，种植制度、管理措施的差异导致耕地土壤肥力的差异。扬州市土地利用方式主要为旱地、水田和水浇地 3 种。表 4-11 表明，1984 年和 2014 年不同土地利用方式的土壤肥力指数各年间趋势基本一致，水田＞水浇地＞旱地。从变异情况来看，1984 年和 2014 年平均变异系数分别为 20.95% 和 17.31%，均属于中等变异。

表 4-11　1984 年和 2014 年土地利用方式对土壤肥力指数的影响

土地利用方式	1984 年耕地土壤肥力指数				2014 年耕地土壤肥力指数			
	样点数	平均值	标准差	变异系数（%）	样点数	平均值	标准差	变异系数（%）
水田	2 861	1.32aA	0.26	19.70	3 985	1.75aA	0.30	17.14
旱地	1 035	1.17bA	0.26	22.22	1 487	1.52cB	0.32	21.05
水浇地	211	1.29abA	0.27	20.93	535	1.60bB	0.22	13.75

4.2.4.6　土壤肥力变异主控因素分析　分别以成土母质、土壤类型、土壤质地、土地利用方式为自变量进行回归分析，探究耕地土壤肥力的空间变异的主控因素。表 4-12 表明，所有自变量均达到极显著水平（$P < 0.01$），成土母质、土壤类型、土壤质地、土地利用方式等因素对研究区耕地土壤肥力均有显著影响。回归分析中独立解释能力（决定系数）越高，对耕地土壤肥力空间变异的影响就越大，土地利用方式对耕地土壤肥力空间变异的独立解释能力在1984 年为 53.9%，在 2014 年为 58%，均高于其他因素，可见扬州市 1984—2014 年耕地土壤肥力变异的主要影响因素是土地利用方式。

表 4-12　1984 年和 2014 年土壤肥力空间变异因素与土壤肥力指数的回归分析

影响因素	1984 年				2014 年			
	F 值	R^2	校正 R^2	P 值	F 值	R^2	校正 R^2	P 值
成土母质	85.54	0.127	0.126	<0.01	439.66	0.185	0.184	<0.01
土壤类型	13.57	0.235	0.233	<0.01	22.89	0.312	0.310	<0.01
亚类	40.01	0.300	0.290	<0.01	15.08	0.359	0.357	<0.01
土壤质地	122.75	0.217	0.216	<0.01	86.08	0.253	0.251	<0.01
土地利用方式	140.93	0.54	0.539	<0.01	28.40	0.59	0.58	<0.01

影响土壤肥力状况的因素分为结构性因素和随机性因素。结构性因素是地形、成土母质、土壤类型、土壤质地等导致耕地土壤肥力集聚或分散的因素。随机性因素是耕作方式、土地利用、施肥状况以及种植制度等集聚或分散的因素（孙晓兵等，2019）。块金系数高低表示指标受到结构性因素和随机性因素影响程度的大小，1984 年和 2014 年扬州市耕地土壤肥力指标的块金系数为0.25～0.75（王政权等，1999），表明 1984 年和 2014 年扬州市耕地土壤肥力指标均受到结构性因素和随机性因素的共同影响，具有中度的空间自相关性。有机质、全氮、有效磷、速效钾的块金系数均有所增加，表明该指标空间自相关程度降低。pH 的块金系数有所降低，表明该指标空间自相关程度有所

增加。

成土母质可通过土壤矿物组成和土壤质地来影响土壤理化性质（罗由林等，2015），对土壤肥力起着决定性的作用，对耕地土壤肥力空间分布产生重要影响（高凤杰等，2016）。本研究发现，1984年和2014年扬州市不同成土母质的耕地土壤肥力均存在显著差异，2014年耕地土壤肥力明显比1984年有较大幅度的提升。不同土壤类型具有不同的矿物组成、成土过程及发育程度，使土壤特性存在差异，影响土壤肥力空间分布（黄琬婷等，2016）。1984年和2014年扬州市6个水稻土亚类的耕地土壤肥力指数存在显著差异，指数最高的为脱潜型水稻土、潜育型水稻土，最低的为淹育型水稻土。不同水稻土亚类的发育程度、种植制度及耕地管理水平存在明显差异可能是不同亚类土壤的肥力存在显著差异的主要原因。土壤质地能够直接影响土壤的孔隙状况，进而会对土壤的通气透水性和保水保肥性产生影响。扬州市耕地土壤以重壤土、中壤土、轻黏土为主，占总耕地面积的90%以上。土地利用方式也是影响耕地土壤肥力的重要因素之一（赵明松等，2013），不同的土地利用方式条件下，种植制度、管理措施的差异导致耕地土壤肥力的差异。研究发现1984年和2014年扬州市不同土地利用方式的土壤肥力都存在显著差异，各年间的趋势基本一致，水田>水浇地>旱地。耕地土壤肥力受土壤养分的时空变异影响而有差异（孙晓兵等，2019；胡建利等，2018）。1984年与2014年扬州市耕地土壤肥力指数和变异系数分别处于Ⅲ级、Ⅱ级水平，且各年稳定，服从正态分布，属于中等变异（王绍强等，2001）。土壤pH属于弱变异性，土壤全氮、速效钾、有机质和有效磷属于中等变异。30年间扬州市耕地土壤肥力提升显著，Ⅰ级和Ⅱ级耕地面积占比增加较大，Ⅳ级耕地占比下降较多。

土壤养分是耕地土壤肥力的基础，研究发现土壤有效磷、速效钾是造成东北典型县域稻田土壤肥力差异的主要因子（王远鹏等，2020），土壤质地、土地经营方式、肥料科学管理等是影响长江三角洲地区农用地土壤肥力的主要因素（余泓，2017）。本研究表明1984—2014年扬州市耕地土壤有机质、全氮和有效磷含量均增加，而土壤速效钾含量和pH下降。前人的研究也表明扬州市耕地土壤有机质和有效磷均呈不断增加的趋势（张庆利，2003；毛伟等，2019；毛伟等，2020）。大量研究表明，长期施用肥料能够提高土壤中全氮和有效磷含量（孙晓兵等，2019；张世熔等，2003）。前期的研究表明，1984—1994年扬州市耕地土壤有机质含量呈先下降后上升的趋势，有机物料投入量大幅度下降是10年间扬州市耕地土壤有机质下降的重要原因之一，1995—2014年合理施肥及秸秆还田量增加是土壤有机质大幅度大面积增加的重要原因。合理施肥、有机物料投入、秸秆还田是土壤有机质含量变化的主要驱动因子（毛伟等，2019）。

1984—2014 年 30 年间扬州市耕地土壤速效钾含量由 108 mg/kg 下降到 99 mg/kg，下降了 9 mg/kg。扬州市耕地土壤速效钾含量前 10 年下降明显，中间 10 年有所上升，后 10 年呈稳定下降趋势。成土母质、土壤质地是影响扬州市土壤速效钾空间分布的主要因素，施用钾肥和秸秆还田是影响土壤速效钾时间分布的主要因子（毛伟等，2019）。对扬州市仪征地区 1980—2005 年的耕作制度、肥情、粮食产量和农户生产情况等历史资料的分析表明，历年土壤速效钾时空变异主要受农户的栽培管理措施、政策、社会经济发展情况等人为因素的影响（孙永健等，2008）。可见，耕地土壤速效钾含量变化是综合因素作用的结果。2005—2014 年虽然钾肥投入量较大，秸秆还田的面积和数量也有所增加，但这一时期粮食产量增加很快，作物生长从土壤中带走的钾的量高于投入土壤中的钾的量，使土壤中的钾处于亏缺状态，导致土壤速效钾含量呈降低趋势（孙永健等，2008；李强等，2019）。30 年间扬州市耕地土壤 pH 由 7.51 下降到 6.74，下降了 0.77。有研究发现，2000—2015 年湘西植烟土壤 pH 均值由 6.21 下降至 6.12，交换性钙是土壤 pH 升高的主要驱动因素，而有效硫和碱解氮是土壤 pH 降低的主要驱动因素（李强等，2019）。1981—2012 年四川仁寿县土壤 pH 由 7.10 下降到 6.80，pH 的空变异受成土母质、土壤类型、土地利用方式等因素的影响（李珊等，2015）。可见，土壤 pH 下降是综合因素作用的结果。前期研究表明，1984—2014 年扬州市耕地土壤 pH 持续下降，前 20 年下降幅度较大，后 10 年渐趋稳定。成土母质、土壤类型、土壤有机质含量是影响土壤 pH 空间分布的主要因子，酸雨、施肥及土地利用类型是影响土壤 pH 时间分布的主要因子（毛伟等，2017）。扬州市地处长江中下游，属于典型的高投入、高产出粮食主产区，测土配方施肥技术、秸秆还田、深耕等技术普及率高，这些也是土壤养分部分指标及耕地土壤肥力上升的重要原因。

综上，1984—2014 年，扬州市耕地土壤有机质、全氮和有效磷含量均增加，土壤速效钾含量下降，各指标均呈中等变异性。土壤 pH 下降，呈弱变异性；耕地土壤肥力等级 1984 年以Ⅲ级为主，2014 年以Ⅱ级为主。耕地土壤肥力指数平均值由Ⅲ级上升为Ⅱ级，各年间稳定，具有中等变异性和中等程度的空间自相关性；成土母质、土类、亚类、土壤质地和土地利用方式等因素均显著影响耕地土壤肥力变异特征，土地利用方式是影响扬州市 30 年间耕地土壤肥力变异的主要因素。

第5章 耕地质量评价

根据《耕地质量等级》（GB/T 33469—2016）的要求，采用"层次分析-隶属函数-累积曲线"技术路线对耕地质量进行评价，实现对耕地质量的分等定级。该方法采用层次分析法计算各个评价指标的权重、采用模糊数学的方法构建每个指标的隶属函数并计算每项指标的隶属度、采用累加模型计算每个评价单元的耕地质量指数（综合得分），再根据得分等距法的原理对评价单元进行分级。

共确定了15个指标作为扬州市耕地质量评价指标体系，分别为清洁程度、生物多样性、农田林网化、地形部位、有效土层厚度、质地构型、障碍因素、pH、土壤容重、耕层质地、有效磷、速效钾、有机质、排水能力、灌溉能力。

耕地质量等级划分标准参照农业农村部制定的《全国耕地质量等级评价指标体系》，共划分为10个等级，一级地等级最高，十级地等级最低。本轮扬州市耕地质量等级评价结果共有10个等级，以一至六级地为主。

将各耕地质量等级指数分布范围与面积、各县的耕地质量等级分布面积和各土种的耕地质量分布面积分别列于表5-1、表5-2和表5-3。

表5-1　扬州市耕地质量等级划分标准及相应的面积

等级	等级指数	面积（hm²）	等级	等级指数	面积（hm²）
一级地	≥0.917 0	43 091.09	六级地	0.793 9～0.818 5	6 520.54
二级地	0.892 4～0.917 0	85 308.14	七级地	0.769 3～0.793 9	1 719.25
三级地	0.867 8～0.892 4	60 823.33	八级地	0.744 6～0.769 3	1 520.68
四级地	0.843 1～0.867 8	50 088.71	九级地	0.720 0～0.744 6	1 257.29
五级地	0.818 5～0.843 1	22 870.32	十级地	0～0.720 0	753.99

表 5-2 扬州市各乡镇耕地质量等级面积分布（hm²）

行政单位名	一级地	二级地	三级地	四级地	五级地	六级地	七级地	八级地	九级地	十级地	合计
扬州市	43 091.09	85 308.14	60 823.33	50 088.71	22 870.32	6 520.54	1 719.25	1 520.68	1 257.29	753.99	273 953.34
广陵区	1 725.00	2 951.05	3 424.37	1 330.59	212.17	17.00					9 660.18
邗江区	884.84	3 684.70	4 395.57	5 470.22	1 686.84	604.08	23.88				16 750.13
扬州经济技术开发区	270.34	709.00	102.83	54.37							1 136.54
江都区	3 494.47	18 410.00	14 737.08	18 078.31	7 941.63	278.64					62 940.13
宝应县	28 696.23	28 848.90	11 337.09	7 257.88	1 496.21	343.89	189.69	35.20			78 205.09
仪征市	194.66	4 111.99	7 564.74	8 401.48	9 050.10	4 880.14	1 488.74	1 485.48	1 257.29	753.99	39 188.61
高邮市	7 825.56	26 592.51	19 261.66	9 495.87	2 483.37	396.78	16.93				66 072.68

表 5-3 扬州市各土种耕地质量等级面积分布（hm²）

土壤名称	一级地	二级地	三级地	四级地	五级地	六级地	七级地	八级地	九级地	十级地	合计
所有土壤	43 091.09	85 308.14	60 823.33	50 088.71	22 870.32	6 520.54	1 719.25	1 520.68	1 257.29	753.99	273 953.34
黄白土	22.37	280.28	983.86	2 017.00	2 288.70	1 031.36	262.11	284.08	266.05	131.69	7 567.50
淤泥土	2 285.05	6 417.07	4 808.48	2 171.67	1 049.41	8.59	0.88		0.07	1.00	16 742.22
潮灰土	1 648.21	10 219.38	7 060.48	10 271.83	3 379.16	317.62	18.26				32 914.94
潮黄土		405.23	2 378.02	1 218.22	47.15						4 048.62
河沙土	20.84	223.29	483.57	512.57	1 018.15	318.49	72.07	40.53	83.48	37.93	2 810.92
马肝土	19.72	1 078.19	6 225.85	7 750.43	4 820.61	2 051.03	555.48	453.75	229.49	193.68	23 378.23
黄杂土	10 541.99	19 666.16	9 252.98	4 315.00	638.10	57.97	136.06	35.11			44 643.37
红沙土	1 153.70	7 495.64	5 895.03	2 279.61	532.37						17 356.35
乌杂土	12 071.97	13 002.03	4 857.17	2 062.71	106.17						32 100.05
乌沙土	4 825.90	8 041.67	1 384.09		0.03						14 251.69
勤泥土	7 321.69	13 980.22	6 672.32	1 551.43	105.25						29 630.91
黑黏土	2 086.41	1 348.00	1 031.09	2 011.13	702.15	23.86					7 202.64
青泥条		4.66	563.66	730.85	415.09	200.39	52.14	17.72	44.39	4.60	2 033.50
板浆白土	137.81	834.54	5 542.94	7 523.41	4 440.72	1 626.21	347.12	125.97	103.70	121.73	20 804.15
沙土		135.49	319.63	187.15	108.39	67.39	18.79	0.09			836.93
二合土		404.46	269.49	201.10	69.97	79.19					1 024.21
淤土		353.51	593.66	714.57	352.97	89.13	34.77				2 138.61

（续）

土壤名称	一级地	二级地	三级地	四级地	五级地	六级地	七级地	八级地	九级地	十级地	合计
跑沙土				7.83	11.32						19.15
高沙土	70.52	116.52	730.96	3 096.86	1 698.68	190.95	12.14				5 916.63
夹沙土	58.42	371.75	286.86	65.64	27.33						810.00
夹黏土	124.61	575.89	421.46	93.84	227.20						1 442.99
菜园土		22.27	76.00	9.23							107.49
黄刚土	0.52	105.63	344.36	402.62	423.89	316.67	191.97	388.84	403.94	238.48	2 816.94
粗骨土		7.05	37.51	68.19	104.63	91.48	17.38	174.58	126.17	24.89	651.88
草渣土	701.38	219.22	603.86	825.82	302.85	50.21	0.07				2 703.41

5.1 一级地

5.1.1 分布范围

扬州市一级地面积为 43 091.09 hm²，占扬州市耕地面积的 15.73%，主要分布在里下河农区，以乌杂土、黄杂土、勤泥土、乌沙土为主。在行政区域分布上，一级地分布在宝应县、高邮市等。

5.1.2 主要特征

一级地的土壤质地以中壤、重壤为主，成土母质主要是黄淮冲积物、湖相沉积物，耕作层平均厚度 18 cm，有机质含量 25 g/kg 以上，有效磷含量 20 mg/kg 以上，速效钾含量 120 mg/kg 以上。土壤养分含量均衡，耕性好，年亩产 1 000 kg 以上，田间基础设施较好，灌溉、排涝能力都好。

5.1.3 利用与管理建议

一级地基本都是高产稳产农田。在农业利用上以稻麦两熟为主，重点发展粮食生产。在土壤管理上要继续抓好以秸秆还田为主的增施有机肥等培肥措施，适量控制氮肥施用水平，沙土注意补钾，配合施用锰肥、锌肥和硼肥等微量元素肥料，以维护和继续提高土壤地力。农田水利建设方面要提高配套标准。

5.1.4 产量水平

扬州耕地质量为一级地的调查点有 779 个，每亩水稻-小麦年产量平均值为 1 195 kg。

对调查得到的每亩水稻-小麦产量从低到高进行频数与累积百分数统计，

结果表明产量幅度在 880～1 369 kg。

平均产量 1 195 kg 相当于累积百分数 68% 处的产量，若以累积百分数达到 70% 左右时的产量 1 220 kg 作为预期的平均产量，则每亩一级地的增产潜力为 20 kg，对实际平均产量而言，增产幅度为 1.67%（图 5-1）。

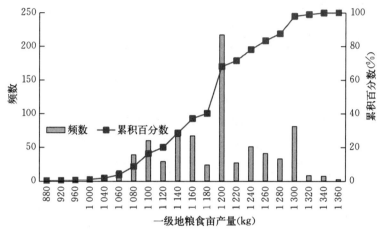

图 5-1　一级地粮食产量水平分布直方图

5.2　二级地

5.2.1　分布范围

二级地面积为 85 308.14 hm²，占扬州市耕地面积的 31.14%，是全市耕地面积最大的一个等级，主要分布在里下河农区、沿江农区，以黄杂土、勤泥土、乌杂土、潮灰土为主。在行政区域分布上，二级地分布在宝应县、高邮市、江都区等。

5.2.2　主要特征

二级地土壤质地以中壤、重壤为主，成土母质主要是黄淮冲积物、湖相沉积物、长江老冲积物，耕作层平均厚度 16 cm，有机质含量 25 g/kg 以上，有效磷含量 20 mg/kg 以上，速效钾含量 110 mg/kg 以上。土壤养分含量均衡，耕性好，年亩产 1 000 kg 以上，田间基础设施较好，灌溉、排涝能力都好。

5.2.3　利用与管理建议

二级地基本都是高产稳产农田。在农业利用上以稻麦两熟、蔬菜为主，是重要的粮食、蔬菜生产区。在土壤管理上要继续抓好以秸秆还田为主的增施有机肥等培肥措施，适量控制氮肥施用水平，注意补钾，配合施用锰肥、锌肥和硼肥等微量元素肥料，以维护和继续提高土壤地力。农田水利建设方面要提高配套标准。

5.2.4 产量水平

扬州耕地质量为二级地的调查点有 1 165 个，每亩水稻-小麦年产量平均值为 1 153 kg。

对调查得到的每亩水稻-小麦产量从低到高进行频数与累积百分数统计，结果表明产量幅度在 780～1 350 kg。

平均产量 1 153 kg 相当于累积百分数 53％处的产量，若以累积百分数达到 70％左右时的产量 1 200 kg 作为预期的平均产量，则每亩二级地的增产潜力为 47 kg，对实际平均产量而言，增产幅度为 4.08％（图 5-2）。

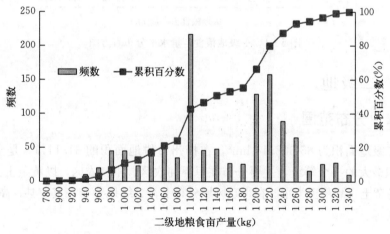

图 5-2　二级地粮食产量水平分布直方图

5.3　三级地

5.3.1　分布范围

三级地面积为 60 823.33 hm²，占扬州市耕地面积的 22.20％，主要分布在里下河农区、宁镇扬丘陵农区，以黄杂土、潮灰土、勤泥土、马肝土为主。在行政区域分布上，三级地分布在高邮市、江都区、宝应县、仪征市等。

5.3.2 主要特征

三级地土壤质地以重壤为主，成土母质主要是黄淮冲积物、湖相沉积物、下蜀黄土母质，耕作层厚度 15 cm 左右，有机质含量 25 g/kg 以上，有效磷含量 15 mg/kg 以上，速效钾含量 110 mg/kg 以上。土壤养分含量比较均衡，耕性好，年亩产 1 000 kg 以上，田间基础设施较好，灌溉、排涝能力能保障。

5.3.3 利用与管理建议

三级地基本都是较高产稳产农田。在农业利用上以稻麦两熟为主，重点发展粮食生产。在土壤管理上要继续抓好以秸秆还田为主的增施有机肥等培肥措施，适量控制氮肥施用水平，沙土注意补钾，配合施用锰肥、锌肥和硼肥等微量元素肥料，以维护和继续提高土壤地力。农田水利建设方面要提高配套标准。

5.3.4 产量水平

扬州耕地质量为三级地的调查点有 2 032 个，每亩水稻-小麦年产量平均值为 1 053 kg。

对调查得到的每亩水稻-小麦产量从低到高进行频数与累积百分数统计，结果表明产量幅度在 730～1 330 kg。

平均产量 1 053 kg 相当于累积百分数 63％处的产量，若以累积百分数达到 70％左右时的产量 1 100 kg 作为预期的平均产量，则每亩三级地的增产潜力为 47 kg，对实际平均产量而言，增产幅度为 4.46％（图 5－3）。

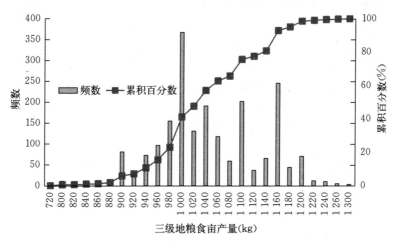

图 5－3 三级地粮食产量水平分布直方图

5.4 四级地

5.4.1 分布范围

四级地面积为 50 088.71 hm²，占全市耕地面积的 18.28%，主要分布在宁镇扬丘陵农区、里下河农区，以潮灰土、马肝土、板浆白土、高沙土为主；在行政区域分布上，四级地分布在江都区、高邮市、仪征市等。

5.4.2 主要特征

四级地土壤质地以重壤、黏土为主，成土母质主要是湖相沉积物，耕作层厚度 15 cm 左右，土壤有机质含量 20 g/kg 以上、有效磷含量 12 mg/kg 以上、速效钾含量 115.0 mg/kg 以上，田间基础设施较好，灌溉、排涝能力能保障。

5.4.3 利用与管理建议

四级地不但适宜种植稻、麦等粮食作物，还适宜种植蔬菜等经济作物。土壤管理上要重视有机肥的施用和肥料运筹方法，化学氮肥一次用量不宜过多，要因地因苗灵活促控，并要注重中后期的追肥。氮肥、磷肥、钾肥配合施用，在水稻上施用锌肥。特别是在农田基本建设方面要进一步健全排灌系统，增加排涝泵站，提高抗灾能力。

5.4.4 产量水平

扬州耕地质量为四级地的调查点有 2 673 个，每亩水稻-小麦年产量平均值为 1 012 kg。

对调查得到的每亩水稻-小麦产量从低到高进行频数与累积百分数统计，结果表明产量幅度在 580~1 200 kg。

平均产量 1 012 kg 相当于累积百分数 46% 处的产量，若以累积百分数达到 70% 左右时的产量 1 040 kg 作为预期的平均产量，则四级地的增产潜力为 28 kg/亩，对实际平均产量而言，增产幅度为 2.77%（图 5 - 4）。

5.5 五级地

5.5.1 分布范围

五级地面积为 22 870.32 hm²，占扬州市耕地面积的 8.35%，主要分布在里下河农区、宁镇扬丘陵农区，以马肝土、板浆白土、潮灰土、黄白土、高沙

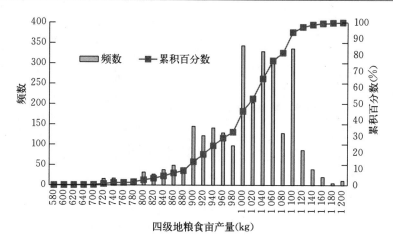

图 5-4　四级地粮食产量水平分布直方图

土、淤泥土为主。在行政区域分布上，五级地分布在仪征市、江都区等。

5.5.2　主要特征

五级地土壤质地以重壤、黏土为主，成土母质主要是下蜀黄土母质，耕作层厚度 14 cm 左右，土壤有机质含量 20 g/kg 以上、有效磷 12 mg/kg 以上、速效钾 110 mg/kg 以上，田间基础设施较好，灌溉、排涝能力较强。

5.5.3　利用与管理建议

五级地不但适宜种植稻、麦等粮食作物，还适宜种植蔬菜等经济作物。土壤管理上应重视有机肥的施用和肥料运筹方法，化学氮肥一次用量不宜过多，因地因苗灵活促控，并要注重中后期的追肥。氮肥、磷肥、钾肥配合施用，在水稻上施用锌肥。特别是在农田基本建设方面要进一步健全排灌系统，增加排涝泵站，提高抗灾能力。

5.5.4　产量水平

扬州耕地质量为五级地的调查点有 3 612 个，每亩水稻-小麦年产量平均值为 1 010 kg。

对调查得到的每亩水稻-小麦产量从低到高进行频数与累积百分数统计，结果表明产量幅度在 580～1 200 kg。

平均产量 1 010 kg 相当于累积百分数 48％处的产量，若以累积百分数达到 70％左右时的产量 1 060 kg 作为预期的平均产量，则每亩五级地的增产潜力为 50 kg，对实际平均产量而言，增产幅度为 4.95％（图 5-5）。

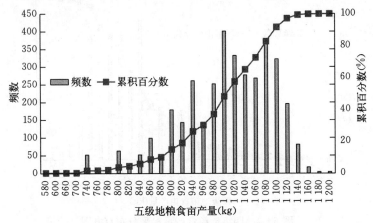

图 5-5 五级地粮食产量水平分布直方图

5.6 六级地

5.6.1 分布范围

六级地面积为 6 520.54 hm²,占扬州市耕地面积的 2.38%,主要分布在宁镇扬丘陵农区,以马肝土、板浆白土、黄白土、河沙土、潮灰土、黄刚土、青泥条为主;在行政区域分布上,六级地分布在仪征市、邗江区等。

5.6.2 主要特征

六级地土壤质地以重壤、黏土为主,成土母质主要是下蜀黄土母质,耕作层厚度 14 cm 左右,土壤有机质含量 15 g/kg 以上、有效磷含量 12 mg/kg 以上、速效钾含量 100 mg/kg 以上,田间基础设施不够配套,灌溉时需要提水。

5.6.3 利用与管理建议

六级地不但适宜种植稻、麦等粮食作物,还适宜种植蔬菜等经济作物。土壤管理上应重视有机肥的施用和肥料运筹方法,化学氮肥一次用量不宜过多,因地因苗灵活促控,并要注重中后期的追肥。氮肥、磷肥、钾肥配合施用,在水稻上施用锌肥。特别是在农田基本建设方面要进一步健全排灌系统,增加排涝泵站,提高抗灾能力。

5.6.4 产量水平

扬州市耕地质量为六级地的调查点有 1 941 个,每亩水稻-小麦年产量平均值为 958 kg。

对调查得到的水稻-小麦产量从低到高进行频数与累积百分数统计，结果表明每亩产量幅度在 450～1 200 kg。

平均亩产量 958 kg 相当于累积百分数 56％处的产量，若以累积百分数达到 70％左右时的产量 1 000 kg 作为预期的平均产量，则每亩六级地的增产潜力为 42 kg，对实际平均产量而言，增产幅度为 4.38％（图 5-6）。

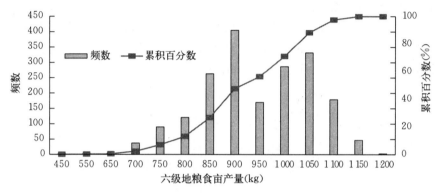

图 5-6　六级地粮食产量水平分布直方图

5.7　七级地

5.7.1　分布范围

七级地面积为 1 719.25 hm²，占扬州市耕地面积的 0.63％，主要分布在宁镇扬丘陵农区、里下河农区，以马肝土、板浆白土、黄白土、黄刚土为主。在行政区域分布上，七级地分布在仪征市、宝应县等。

5.7.2　主要特征

七级地土壤质地以重壤、黏土为主，成土母质主要是下蜀黄土母质，耕作层厚度 14 cm 左右，土壤有机质含量 12 g/kg 以上、有效磷含量 10 mg/kg 以上、速效钾含量 80 mg/kg 以上。田间基础设施不配套，灌溉需提水。

5.7.3　利用与管理建议

七级地不但适宜种植稻、麦等粮食作物，还适宜种植蔬菜等经济作物。土壤管理上应重视有机肥的施用和肥料运筹方法，化学氮肥一次用量不宜过多，因地因苗灵活促控，并要注重中后期的追肥。氮肥、磷肥、钾肥配合施用，在水稻上施用锌肥。特别是在农田基本建设方面要进一步健全排灌系统，增加排涝泵站，提高抗灾能力。

5.7.4 产量水平

扬州耕地质量为七级地的调查点有 1 400 个，每亩水稻-小麦年产量平均值为 948 kg。

对调查得到的每亩水稻-小麦产量从低到高进行频数与累积百分数统计，结果表明产量幅度在 400～1 200 kg。

平均产量 948 kg 相当于累积百分数 47％处的产量，若以累积百分数达到 70％左右时的产量 1 000 kg 作为预期的平均产量，则每亩七级地的增产潜力为 52 kg，对实际平均产量而言，增产幅度为 5.49％（图 5-7）。

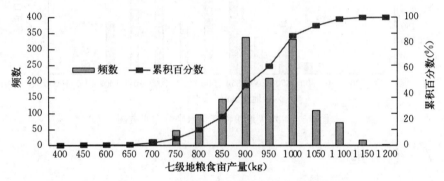

图 5-7 七级地粮食产量水平分布直方图

5.8 八级地

5.8.1 分布范围

八级地面积为 1 520.68 hm²，占扬州市耕地面积的 0.56％，主要分布在宁镇扬丘陵农区，以马肝土、黄刚土、黄白土、粗骨土为主。在行政区域分布上，八级地主要分布在仪征市。

5.8.2 主要特征

八级地土壤质地以重壤、黏土为主，成土母质主要是下蜀黄土母质，耕作层厚度 14 cm 左右，土壤有机质含量 12 g/kg 以上、有效磷含量 10 mg/kg 以上、速效钾含量 80 mg/kg 以上。田间基础设施不配套，灌溉需提水。

5.8.3 利用与管理建议

八级地属岗地，地势相对较高，不适宜种植稻、麦等粮食作物，适宜种植经济林木，如茶、红豆杉等。土壤主要障碍因素是养分含量相对不足、土体构型不良，针对该区域土壤的主要障碍因素，首先要大力发展农业基础设施、改善耕地质量，其次要大力发展观光旅游农业、种植经济林木。

5.8.4　产量水平

扬州耕地质量为八级地的调查点有 991 个，每亩水稻-小麦年产量平均值为 938 kg。

对调查得到的每亩水稻-小麦产量从低到高进行频数与累积百分数统计，结果表明产量幅度在 450～1 200 kg。

平均产量 938 kg 相当于累积百分数 53% 处的产量，若以累积百分数达到 70% 左右时的产量 1 000 kg 作为预期的平均产量，则每亩八级地的增产潜力为 62 kg，对实际平均产量而言，增产幅度为 6.61%（图 5-8）。

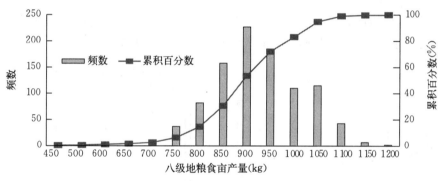

图 5-8　八级地粮食产量水平分布直方图

5.9　九级地

5.9.1　分布范围

九级地面积为 1 257.29 hm²，占扬州市耕地面积的 0.46%，主要分布在宁镇扬丘陵农区，以马肝土、黄刚土、黄白土、粗骨土为主。在行政区域分布上，九级地分布在仪征市。

5.9.2　主要特征

九级地土壤质地以重壤、黏土为主，成土母质主要是下蜀黄土，耕作层厚度 14 cm 左右，土壤有机质含量 12 g/kg 以上、有效磷含量 10 mg/kg 以上、速效钾含量 80 mg/kg 以上。田间基础设施不配套，灌溉需提水。

5.9.3　利用与管理建议

九级地属岗地，地势相对较高，不适宜种植稻、麦等粮食作物，适宜种植经济林木，如茶、红豆杉等。土壤主要障碍因素是养分含量相对不足、土体构型不良，针对该区域土壤的主要障碍因素，首先要大力发展农业基础设施、改善耕地质量，其次要大力发展观光旅游农业、种植经济林木。

5.9.4　产量水平

扬州耕地质量为九级地的调查点有 261 个，每亩水稻-小麦年产量平均值为 889 kg。

对调查得到的每亩水稻-小麦产量从低到高进行频数与累积百分数统计，结果表明产量幅度在 680~1 170 kg。

平均产量 889 kg 相当于累积百分数 57％处的产量，若以累积百分数达到70％左右时的产量 920 kg 作为预期的平均产量，则九级地的增产潜力为31 kg，对实际平均产量而言，增产幅度为 3.49％（图 5-9）。

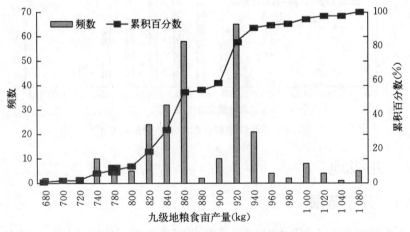

图 5-9　九级地粮食产量水平分布直方图

5.10　十级地

5.10.1　分布范围

十级地面积为 753.99 hm²，占扬州市耕地面积的 0.28％，主要分布在宁镇扬丘陵农区，以马肝土、黄刚土、黄白土、板浆白土为主。在行政区域分布上，十级地分布在仪征市。

5.10.2　主要特征

十级地土壤质地以重壤、黏土为主，成土母质主要是下蜀黄土母质，耕作层厚度 14 cm 左右，土壤有机质含量 12 g/kg 以上、有效磷含量 10 mg/kg 以上、速效钾含量 80 mg/kg 以上。田间基础设施不配套，灌溉需提水。

5.10.3　利用与管理建议

十级地属岗地，地势相对较高，不适宜种植稻、麦等粮食作物，适宜种植经济林木，如茶、红豆杉等。土壤主要障碍因素是养分含量相对不足、土体构型不良。针对该区域土壤的主要障碍因素，首先要大力发展农业基础设施、改善耕地质量，其次要大力发展观光旅游农业、种植经济林木。

5.10.4　产量水平

扬州耕地质量为十级地的调查点有 63 个，每亩水稻-小麦年产量平均值为 808 kg。

对调查得到的每亩水稻-小麦产量从低到高进行频数与累积百分数统计，结果表明亩产量幅度在 630～990 kg。

平均亩产量 808 kg 相当于累积百分数 51% 处的产量，若以累积百分数达到 70% 左右时的亩产量 880 kg 作为预期的平均产量，则十级地的增产潜力为 72 kg/亩，对实际平均产量而言，增产幅度为 8.91%（图 5-10）。

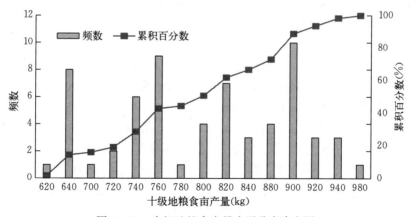

图 5-10　十级地粮食产量水平分布直方图

第6章 科学施肥

6.1 建立科学施肥指标体系

6.1.1 确定施肥指标体系的参数

6.1.1.1 基本原理 植物和其他一切生物一样，也需要"食物"来满足其生长、发育和繁殖。但是，植物的特殊功能是可以利用无机元素、水、二氧化碳等并在太阳能的作用下合成有机物质，以建造自己的有机体。

现在已经确定的植物必需营养元素有 17 种：碳、氢、氧、氮、磷、钾、硫、钙、镁、硼、铁、铜、锌、锰、钼、氯、镍。之所以被称为必需元素是因为它们参与植物代谢过程，缺少这些元素植物将无法完成整个生长周期。供应不足时，植物会出现一定的外部症状，这种症状只有补充必需元素才能缓解。但是应注意，外部某种症状的出现可能是由多种原因造成的，所以在诊断时应十分慎重。

按植物的需要量将植物必需的营养元素分为大量营养元素（氮、磷、钾）、中量营养元素（钙、镁、硫）以及微量营养元素（硼、铁、铜、锌、锰、钼、氯、镍）。碳、氢、氧不列入矿质养分之列，但在植物体中含量最高。

除上述 17 种营养元素为所有植物所必需外，还有一些元素只为某些植物所必需。它们是钠、钴、钒和硅共 4 种，这 4 种元素有时被称为有益元素。

在植物必需的 17 种营养元素中，碳、氢、氧主要来自空气和水，其余 14 种来自土壤，植物根系直接从土壤溶液（土壤水）中吸收。

作物的养分吸收量或者作物的养分消耗量，即每生产 100 kg 产品（如籽粒、果实等）植物吸收的养分量（kg），是农田养分循环中主要的输出项目，作物不同其对养分的吸收量也不同。不同作物对养分的喜好也不同。叶菜类、茶叶等需氮较多；豆科作物、糖料作物、纤维作物、薯类作物以及瓜类、果树需磷较多；棉花、烟草、马铃薯、甘薯、甜菜、西瓜及果树等需钾较多；马铃薯、大豆、花生、油菜喜硫；油菜喜硼；水稻喜硅；甜菜喜钠；棉、麻等作物喜氯，因为氯能增加纤维的韧性。

土壤养分临界值是最早被应用的诊断指标。实际上，它是养分缺乏和不缺乏的分界线。具体来讲，某土壤养分的测定值低于临界值时，说明土壤中该养分处于缺乏或极缺乏的水平,因此,要及时施用含该养分的肥料,才能获得明显的增产效果。如果土壤养分测定值高于临界值,说明土壤中该养分处于基本够用或较为丰富的水平,因此,可适当补施或暂时不施用含该养分的肥料。土壤养分临界值是施肥的重要依据,利用土壤养分临界值可以根据作物特点和土壤养分丰缺状况合理施用氮、磷、钾肥和微肥,做到心中有数。

6.1.1.2　评价标准　养分丰缺指标是国内外应用最广泛的一种基于土壤测试的养分推荐方法,主要依据土壤速效养分含量与作物产量之间的相关性原理。针对特定作物种类,在某一地区特定土壤类型上对不同土壤速效养分含量的田块进行试验,测定土壤有效养分含量,计算相对产量;依据作物相对产量将土壤速效养分含量水平划分为若干丰缺等级,并通过田间试验确定适用于各丰缺等级的施肥量,在此基础上确定养分丰缺等级与肥料推荐量的检索表。在推荐施肥时,用田块土壤有效养分含量测定值对照检索表即可确定适宜的肥料推荐量。具体做法:

第一步,先针对具体作物种类,在各种不同有效养分含量的土壤上进行氮、磷、钾的缺素试验。

第二步,分别计算各对比试验中缺素区作物产量占全肥区作物产量的百分比(亦称缺素区相对产量)。

第三步,利用缺素区相对产量与相应的有效养分含量拟合建立养分丰缺分组标准。依据为农业农村部《测土配方施肥技术规范》中规定的:相对产量低于60%(含)的土壤养分为极低;相对产量60%~70%(不含)为低,70%~80%(不含)为较低,80%~90%(不含)为中,90%~95%(不含)为较高,95%(含)以上为高。

第四步,将各试验点的基础土样有效养分含量测定值依据上述标准分组,并确定相应养分的丰缺指标。

土壤养分丰缺指标是建立在大量的田间试验基础上,依据土壤速效养分含量与作物相对产量之间的相关性原理发展而来的,主要根据土壤养分含量的高低进行作物肥料用量的推荐,方法可靠、准确。

6.1.1.3　开展田间试验　按照不同土种、不同肥力水平,选择代表性的田块开展"3414"和无氮基础地力田间试验。"3414"是指氮、磷、钾3个养分因子,每个因子4个水平共14个处理的肥料试验设计方案。该方案设计吸收了回归最优设计、处理少、效率高的特点。4个水平的含义:0水平指不施肥,2水平指当地最佳施肥量的近似值,1水平=2水平×0.5,3水平=2水平×1.5。14个处理详见表6-1。

表 6 - 1 "3414" 试验方案处理

编号	处理	N	P_2O_5	K_2O	编号	处理	N	P_2O_5	K_2O
1	$N_0P_0K_0$	0	0	0	8	$N_2P_2K_0$	2	2	0
2	$N_0P_2K_2$	0	2	2	9	$N_2P_2K_1$	2	2	1
3	$N_1P_2K_2$	1	2	2	10	$N_2P_2K_3$	2	2	3
4	$N_2P_0K_2$	2	0	2	11	$N_3P_2K_2$	3	2	2
5	$N_2P_1K_2$	2	1	2	12	$N_1P_1K_2$	1	1	2
6	$N_2P_2K_2$	2	2	2	13	$N_1P_2K_1$	1	2	1
7	$N_2P_3K_2$	2	3	2	14	$N_2P_1K_1$	2	1	1

　　无氮基础地力试验设 3 个处理，分别是无肥区、无氮区和全肥区，重复 3 次。无肥处理整个生育期不施任何肥料，无氮处理不施氮肥，磷、钾施肥量同全肥处理，全肥处理氮、磷、钾全部施用，其施用量和比例按高产要求设计。

6.1.1.4　确定参数　综合分析数据，确定施肥指标体系的参数。

　　(1) "3414" 试验数据整理、分析，获取磷、钾施肥参数。缺素区（磷、钾）的相对产量和 100 kg 籽粒吸收量及肥料利用率的计算：

　　缺磷的相对产量＝处理 4（$N_2P_0K_2$）产量/处理 6（$N_2P_2K_2$）产量×100%

　　缺钾的相对产量＝处理 8（$N_2P_2K_0$）产量/处理 6（$N_2P_2K_2$）产量×100%

　　缺氮的 100 kg 籽粒吸氮量＝处理 2（$N_0P_2K_2$）吸氮量/处理 2（$N_0P_2K_2$）产量×100

　　全肥区的 100 kg 籽粒吸氮量＝处理 6（$N_2P_2K_2$）吸氮量/处理 6（$N_2P_2K_2$）产量×100

　　氮肥利用率＝[处理 6（$N_2P_2K_2$）吸氮量－处理 2（$N_0P_2K_2$）吸氮量]/处理 6（$N_2P_2K_2$）施氮量×100%

　　土壤磷、钾丰缺指标的计算：

　　对试验获得的磷、钾相对产量和供试田块相对应的土壤有效磷、速效钾的含量进行相关性分析，获得 $y=ax+b$ 的回归方程，以缺素相对产量的 55%、65%、75%、85%、95% 为土壤磷、钾丰缺等级标准，计算相应等级的土壤磷、钾含量水平，作为土壤磷、钾的丰缺等级指标。

　　磷、钾最佳施肥量的计算：

　　对单个 "3414" 试验结果采用线性加平台的一元肥料效应模型分析，拟合得最佳施肥量，根据试验田的磷、钾含量水平，按照磷、钾丰缺标准分级统计每个丰缺等级的磷、钾施肥量。

（2）无氮基础地力测定试验数据分析，获取氮肥施肥参数。不同土壤类型的缺氮相对产量、不同作物类型的 100 kg 籽粒吸氮量和氮肥利用率的计算。

按照"3414"试验数据分析方法计算每个无氮基础地力测定试验点的缺氮相对产量，再分土壤类型统计不同类型土壤的相对产量平均值；按照"3414"试验分析方法计算每个试验点的 100 kg 籽粒吸氮量和氮肥利用率。再分作物类型（品种）来统计主要作物类型（品种）的 100 kg 籽粒吸氮量和氮肥利用率。

6.1.2　氮肥施肥指标体系的建立

采用地力差减法确定氮肥施用总量即根据作物目标产量需氮量与土壤供氮量之差来计算施氮量。计算公式如下：

$$X=(y_1 \times A_1 - y_0 \times A_0)/R \times 100$$

式中：x 为每亩施氮量（纯量，kg）；y_1 为每亩目标产量（kg）；A_1 为全肥区每 100 kg 产量的吸氮量（kg）；y_0 为无氮区每亩产量（kg）；A_0 为无氮区每 100 kg 产量的吸氮量（kg）；R 为氮肥利用率。

相关参数的确定方法如下：

首先运用县域耕地资源管理信息系统进行农作物（水稻、小麦）生长适宜性评价，再根据各施肥指导单元的特定作物适宜度指数结合特定品种生产潜力确定其目标产量。

小麦适宜性评价的目的一方面是排除不适宜种植的区域，另一方面是明确各个单元农作物生长的适宜度。评价的方法与流程和耕地地力评价一样，但评价的指标权重以及分级方法不同，具体方法为从耕地地力评价指标中选取 9 个评价因子作为小麦评价指标（表 6 - 2）。按照耕地地力评价的方法确定各个评价因子的权重（表 6 - 3 至表 6 - 8）。运用耕地资源管理专家系统对扬州市耕地进行小麦适宜性评价，根据评价得分累计曲线把适宜耕地地力评价指标中的选取度分为高度适宜、适宜和不适宜三个等级，评价结果见表 6 - 9。扬州市小麦高度适宜的面积占比为 4.48%，适宜的面积占比为 95.41%，不适宜的面积占比为 0.11%，根据评价结果制作小麦适宜性评价图。

表 6 - 2　高邮市小麦适宜性评价要素

A 层	B 层	C 层
耕地地力	立地条件	旱季地下水位
	理化性状	质地、有机质、有效磷、速效钾
	剖面性状	剖面构型、耕层厚度
	土壤管理	灌溉保证率、排涝能力

表 6-3 小麦适宜性判断矩形及对总目标的权重

小麦适宜性	土壤养分	理化性状	立地条件	土壤管理	权重
土壤养分	1.000 0	0.285 7	0.250 0	0.333 3	0.087 0
理化性状	3.500 0	1.000 0	0.875 0	1.166 7	0.304 4
立地条件	4.000 0	1.142 9	1.000 0	1.333 3	0.347 7
土壤管理	3.000 0	0.857 1	0.750 0	1.000 0	0.260 9

表 6-4 土壤养分判断矩形对总目标的权重

土壤养分	速效钾	有效磷	权重
速效钾	1.000 0	0.833 3	0.454 5
有效磷	1.200 0	1.000 0	0.545 5

表 6-5 理化性状判断矩形对总目标的权重

理化性状	耕层厚度	旱季地下水位	成土母质	权重
耕层厚度	1.000 0	1.052 6	0.740 7	0.303 0
旱季地下水位	0.950 0	1.000 0	0.704 2	0.288 0
成土母质	1.350 0	1.420 0	1.000 0	0.409 0

表 6-6 立地条件判断矩形对总目标的权重

立地条件	质地	有机质	权重
质地	1.000 0	0.500 0	0.333 3
有机质	2.000 0	1.000 0	0.666 7

表 6-7 灌排条件判断矩形对总目标的权重

灌排条件	灌溉保证率	排涝能力	权重
灌溉保证率	1.000 0	2.222 2	0.689 7
排涝能力	0.450 0	1.000 0	0.310 3

表 6-8 扬州市小麦适宜性评价要素层次构建及组合权重

指标名称	速效钾	有效磷	耕层厚度	旱季地下水位	成土母质	质地	有机质	灌溉保证率	排涝能力
指标权重	0.039 5	0.047 4	0.092 3	0.087 6	0.124 5	0.115 9	0.231 9	0.179 9	0.081 0

表 6 - 9 扬州市小麦适宜性评价结果

等级	评价综合指数值	面积（hm²）	比例（%）
高度适宜	≥0.941	3 179	4.48
适宜	0.728～0.941	67 710	95.41
不适宜	≤0.728	78	0.11

6.1.3 磷、钾施肥指标体系的建立

确定磷、钾肥推荐用量的技术路线为采用土壤养分丰缺指标法确定丰缺状况的分级标准，采用肥料效应函数法确定磷、钾各个丰缺等级的施用量。

6.1.3.1 土壤磷、钾养分丰缺指标的确定 根据扬州市耕地土壤质地类型，将土壤质地归为两大类，即重黏-中壤、轻壤-松沙。通过"3414"试验及对应缺素试验，结合土壤化验结果和专家经验，分别确定了高邮市水稻、小麦的土壤磷、钾养分丰缺指标体系，具体见表 6 - 10。

表 6 - 10 扬州市水稻、小麦土壤磷、钾养分丰缺指标

等级	相对产量百分比（%）	小麦		水稻	
		有效磷（mg/kg）	速效钾（mg/kg）	有效磷（mg/kg）	速效钾（mg/kg）
丰	≥95%	≥22	≥130	≥20	≥130
较丰	90%～95%	18～22	115～130	15～20	110～130
中	80%～90%	14～18	100～120	10～15	80～110
较缺	70%～80%	10～14	80～100		
缺	<70%	<10	<80	<10	<80

6.1.3.2 各个丰缺等级磷、钾肥最佳施用量的确定 按照上述"3414"试验结果分析统计的方法对扬州市完成的水稻、小麦"3414"试验结果进行分析统计，获得高邮市小麦、水稻磷、钾肥最佳用量数值（表 6 - 11）。

表 6 - 11 不同磷、钾养分丰缺条件下每亩最佳磷、钾肥用量

等级	小麦				水稻			
	有效磷含量（mg/kg）	P₂O₅用量（kg）	速效钾含量（mg/kg）	K₂O用量（kg）	有效磷含量（mg/kg）	P₂O₅用量（kg）	速效钾含量（mg/kg）	K₂O用量（kg）
丰	≥22	2.4	≥130	3.0	≥20	2.4	≥130	3.6
较丰	18～22	3.0	110～130	3.9	15～20	2.4	11～130	4.8

（续）

等级	小麦				水稻			
	有效磷含量 (mg/kg)	P₂O₅用量 (kg)	速效钾含量 (mg/kg)	K₂O用量 (kg)	有效磷含量 (mg/kg)	P₂O₅用量 (kg)	速效钾含量 (mg/kg)	K₂O用量 (kg)
中	14~18	3.6	100~120	5.4	10~15	3.6	80~110	6.0
较缺	10~14	4.2	80~100	6.0				
缺	<10	4.8	<80	7.2	<10	4.5	<80	8.4

（表头化学式应为 P_2O_5 用量、K_2O 用量）

6.1.4 中、微量元素指标体系

中量元素钙、镁、硅和微量元素锌、硼、铜、铁、锰、钼主要采用"补缺"的方式进行矫正施肥，通过土壤测试和田间试验，参考相关文献资料，确定高邮市中、微量元素的缺乏程度，进行有针对性的因缺补缺施肥，中、微量元素分级标准见表 6-12。凡是中、微量元素含量在中等以下的田块均补施硼砂 0.5 kg，或叶面喷施硼砂 50 g。

表 6-12 扬州市土壤中、微量元素含量评价分级（mg/kg）

等级	铜	锌	铁	锰	钼	硼	硅	硫	钙
一级（丰富）	≥2.0	≥5.00	≥20.0	≥50.0	—	≥2.00	≥200	≥30	≥1 000
二级（较丰富）	1.2~<2.0	2.50~<5.00	10.0~<20.0	20.0~<50.0	≥0.20	1.00~<2.00	120~<200	15~<30	720~<1 000
三级（中等）	0.4~<1.2	1.20~<2.50	5.0~<10.0	10.0~<20.0	0.15~<2.0	0.50~<1.00	75~<120	<15	500~<720
四级（低）	0.1~<0.4	0.65~<1.20	2.5~<5.0	3.5~<10.0	0.10~<0.15	0.25~<0.50	25~<75	—	300~<500
五级（极低）	<0.1	<0.55	<2.5	<3.5	<0.10	<0.25	<25		<300
临界值	0.35	0.55	2.5	8.2	0.16	0.5	—	—	

6.2 基于测土配方施肥方案的手机短信发布技术

测土配方施肥是根据土壤供肥、作物需肥以及肥料效应来推荐作物氮、磷、钾及中、微量元素肥料的配比与用量以及施肥技术（施肥时期、施肥方法等），是减少肥料浪费、防止土壤退化、减少环境污染以及实现化肥零增长的

重要与关键技术之一（中国农业科学院土壤肥料研究所，1986；金继秀等，1997；张秀平等，2010；张乃凤等，2002；朱兆良等，2013；张桃林等，2006；刘绍贵等，2007；中华人民共和国农业部，2015）。而测土配方施肥技术推广应用的关键有 3 个：①推荐准确的施肥方案；②施肥方案的及时发布；③种植者根据得到的施肥方案信息购买配方肥料并施用。2012 年农业部委托扬州市土壤肥料站开发"县域测土配方施肥专家系统"，让各测土配方施肥项目县免费使用，县域测土配方施肥专家系统能够根据土壤、作物特征以及肥料效应准确地为每个地块完成个性化的施肥方案的推荐（张月平等，2011；张月平等，2013；毛伟等，2014），很好地解决了施肥方案推荐的问题。对准确的施肥方案推荐信息进行快速准确的传递是准确推荐的施肥方案及时下地的纽带。施肥方案的快速、便捷发布关系到测土配方施肥技术的深入推广。而众多施肥方案发布方式中，手机短信发布是最基础、最经济、最便捷、最易接受和最易推广的方式。

农村土地承包经营权确权颁证明确农村土地承包经营权、明确农民各项权利，丰富农民农地用益物权，有助于农村土地承包经营权的稳定、土地的流转等（曾浩等，2015；王利明，2001）。农村土地承包经营权确权数据明确了农村土地承包经营信息和地块信息，每一个土地承包合同和地块都有全国唯一的编号。

因此，本书以扬州市邗江区杨寿镇的农村土地承包经营权数据为例，探讨了基于农村土地承包经营权确权数据的施肥方案手机短信发布技术，重点阐述了农村土地承包经营权确权数据用于测土配方施肥方案发布的关键技术，旨在为测土配方施肥方案发布提供一种新的思路与技术支撑，为测土配方施肥技术的更加深入推进提供支持，也为农村土地承包经营权确权数据的使用拓宽思路。

6.2.1 测土配方施肥方案发布技术

6.2.1.1 测土配方施肥方案发布方式 根据农业部办公厅文件（农办农〔2012〕54 号），建立了国家测土配方施肥数据管理平台，农技人员将施肥方案发布到国家测土配方施肥数据管理平台，用户即可通过不同方式查询施肥方案。目前施肥方案的查询方式主要有：掌上查询，即通过智能手机上安装的查询 App 查询施肥方案；触摸屏查询，即到肥料销售点的触摸屏上查询施肥方案；微信查询：通过智能手机关注国家测土配方施肥数据管理平台查询施肥方案；手机短信查询：即通过发送短信查询施肥方案。不同的施肥方案查询方式丰富了施肥方案发布技术，为施肥方案的准确快速送达提供了支撑。

不同测土配方施肥方案发布方式有着不同的优缺点，其中，手机短信查询是传达施肥方案的最方便、最快捷、最经济和接受程度最高的方法：①无论是智能手机还是普通手机均可查询；②手机短信发送无难度，无须查询者有多高的文化水平，接受程度高；③短信查询只需要支付电信运营商的短信费用，而且一次查询后，短信平台可记录下查询号码，下次到农时自动推送短信给用户，一次查询，终生使用；④手机随身携带，随时可以查询。

6.2.1.2 测土配方施肥方案发布短信平台 测土配方施肥方案发布短信平台是专门为辖区内手机用户提供测土配方施肥方案查询的信息平台。用户只要发送一条地块空间位置的信息即可查询施肥方案。普通手机短信查询通过"图代码＋地块编码"查询，步骤：第一步，从张贴在村公示栏、肥料销售点、农技服务中心等场所的施肥指导单元图上查询地块的"图代码＋地块编码"；第二步，将"图代码＋地块编码"发送到短信平台即可收到短信平台回复的施肥方案发布短信。智能手机除了"图代码＋地块编码"查询方式外，还可以通过到地块中心定位获取地块经纬度的方式查询施肥方案。

以上方式都存在着一定的弊端，主要体现在：①查询"图代码＋地块编码"需要施肥指导单元图，需要制作成图片，制作者需要掌握一定的技术和时间；②施肥指导单元图张贴在指定位置，给用户查询带来不便；③"图代码＋地块编码"不具有法定性、终身性和易懂性，使用起来不方便。通过经纬度查询时，手机定位的误差以及施肥指导单元图的空间参考和手机定位使用的空间参考的不一致造成的地块的空间位置表达不准确是主要限制。因此，需要一种既能准确表达地块空间位置又方便快捷的施肥方案查询发布方法。而基于农村土地承包经营权确权数据的测土配方施肥方案短信发布技术能够满足需求。

6.2.1.3 农村土地承包经营权确权数据 2013 年中央 1 号文件《中共中央国务院关于加快发展现代农业进一步增强农村发展活力的若干意见》提出"用 5 年时间基本完成农村土地承包经营权确权登记颁证工作，妥善解决农户承包地块面积不准、四至不清等问题。"中办发〔2014〕61 号《关于引导农村土地经营权有序流转发展农业适度规模经营的意见》提出"按照中央统一部署、地方全面负责的要求，在稳步扩大试点的基础上，用 5 年左右时间基本完成土地承包经营权确权登记颁证工作，妥善解决农户承包地块面积不准、四至不清等问题。"。截止到 2014 年底，全国 1 998 个县（市、区）开展了农村土地承包经营权登记颁证试点，2015 年又有 9 个省份被纳入"整省推进"试点，江苏在列（丁琳琳，2015）。2011 年扬州市启动了农村土地承包经营权确权试点工作，截止到 2015 年底，部分县（市、区）已基本完成农村土地确权工作，各区县按照上级要求建立农村土地承包经营权数据库。

农村土地承包经营权确权数据中承包信息包括发布方名称和承包方代表的姓名、身份证号码、住址等信息；地块信息明确了地块的位置、四至、面积等信息。

6.2.1.4　基于农村土地承包经营权确权数据的测土配方施肥方案短信发布技术

（1）基于农村土地承包经营权确权数据的测土配方施肥方案短信发布技术的概念及主要流程。

基于农村土地承包经营权确权数据的测土配方施肥方案手机短信发布技术是充分利用农村土地承包经营权确权数据来发布施肥方案。首先，测土配方施肥各项目县农技人员已经通过县域测土配方施肥专家系统为该县的每个地块推荐了准确的施肥方案。其次，农村土地承包经营权数据中地块编码、土地承包合同编号、户主身份证号码有全国统一编号规范与要求，具有法定性、唯一性、终生性的特点，另外，农村土地承包经营权证书上包含这些内容，获取方便。这些特点就促使其参与发布测土配方施肥方案有了优越性与可能性。

基于农村土地承包经营权确权数据的测土配方施肥方案手机短信发布技术主要需要解决3个问题：①如何找到农村土地承包经营权数据和施肥指导单元之间的对应关系，即地块与施肥指导单元的匹配；②用户发送的短信如何识别，即短信类型的识别；③如何根据短信内容查询施肥方案并发送到用户手机上，即测土配方施肥方案的发布。主要技术流程如图6-1所示。

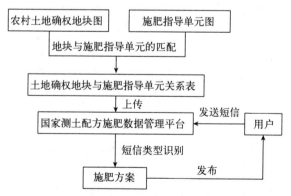

图6-1　基于土地确权数据的测图配方施肥方案短信发布技术研究流程

（2）基于农村土地承包经营权确权数据的测土配方施肥方案短信发布技术的实现。根据基于农村土地承包经营权确权数据的测土配方施肥方案短信发布技术的目的和流程，实现该技术的关键技术有4点：①地块与施肥指导单元的匹配技术；②短信类型的识别技术；③三网合一（移动、联通、电信）的短信平台建设技术；④多平台的短信发布技术。

6.2.1.5 地块与施肥指导单元的匹配技术 如何将农村土地承包经营权地块与施肥指导单元进行准确匹配，即确定每个农村土地确权地块所对应的施肥指导单元，是实现施肥方案手机短信准确发布的基础，县域测土配方施肥数据专家系统为每个施肥指导单元都生成了一套方案，每一个施肥指导单元均有内部标识码作为唯一代码（张炳宁，2008），因此，农村确权数据地块与施肥指导单元的匹配即找到每个农村确权数据地块对应的施肥指导单元的内部标识码。

统一了农村土地经营权地块图和施肥指导单元图的空间参考之后，对两图斑进行叠加，农村确权数据地块图提取（属性提取）施肥指导单元图的内部标识码字段即可。提取时可能出现的几种情况：①某一地块完全包含于某一施肥指导单元图；②某一地块部分包含于某一施肥指导单元；③某一地块部分包含于两个及两个以上施肥指导单元；④某一地块没有与其相交的施肥指导单元。①②两种情况直接提取相应施肥指导单元的内部标识码；③提取与地块相交面积最大的一个施肥指导单元的内部标识码；④提取距离最近的面积最大的一个施肥指导单元的内部标识码（图6-2）。

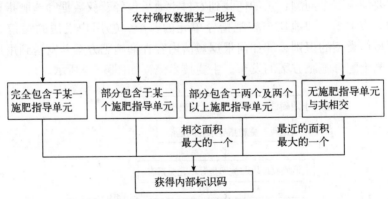

图6-2 地块与施肥指导单元的匹配技术

6.2.1.6 短信类型的识别技术 土地承包经营权证书中户主的身份证号码、土地承包合同编号以及地块编码3个字段具有法定性、唯一性和永久性的特点，因此，可以利用这几个字段进行施肥方案的快速查询发布。用户发送包含户主的身份证号码、土地承包合同编号或地块编码内容的短信即可查询相应的施肥推荐信息。

身份证号码是18位，土地承包合同编号是19位，并且最后一位是J或者Q，土地编码19位数字，其识别步骤为：首先判断短信内容长度，如是18

位，直接和户主身份证匹配；如果是19位，最后一位是J或者Q的，即与土地承包合同编号匹配；如果是19位，最后一位非J或者Q，即与地块编码字段匹配；如果匹配成功，即发送该地块测土配方施肥方案信息给用户；如果未匹配到，或者短信长度不是18或者19位，均回复查询失败内容给用户。具体流程如图6-3所示。

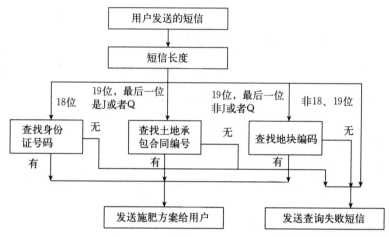

图6-3　施肥方案短信查询流程

　　发送户主的身份证号码，短信平台发布该户主所有地块的施肥方案信息。发送土地承包合同编号，短信平台发布该土地承包合同编号所有地块的施肥方案信息。发布地块编码，短信平台发布该地块的施肥方案信息。身份证号码或土地承包合同编号查询，用户接收到的是一条或者多条短信（根据户主或一个证书拥有地块的数量），地块编码查询，用户接收到一条短信。

6.2.1.7　三网（移动、联通、电信）合一短信平台建设技术　移动、联通以及电信三家运营商在短信收发上不能兼容，互通困难，使用某一运营商的手机号码，只能发送短信到该运营商的服务号上才能查询施肥方案，即需要短信平台有移动、联通和电信三个不同的服务号码，这给用户发送短信查询施肥方案造成了极大的不便与混乱，影响了短信平台的推广应用。因此，通过和第三方短信服务商进行合作，对内打通和三家电信运营商的互联，对外使用统一的短信服务号，实现了三网（移动、联通、电信）合一，移动、联通、电信的用户发送查询短信到统一的短信服务号码上即可查询需要的施肥方案信息，提高了短信平台的易用性与通用性。

6.2.1.8　多平台兼容的短信平台发布技术　短信发布的目的是让用户更加方便和快速地得到准确的测土配方施肥方案，因此测土配方施肥方案短信发布平台

（以下简称短信平台）的快速查询反馈给用户施肥方案信息是短信平台实用价值的体现和推广应用的重要环节，因此，短信平台申请了全国统一的1069055012316 和 051487346579 两个短信号码应对短信查询的访问高峰，实现用户查询的分流。同时，在短信平台之前相关部门可能有一些老百姓熟知的信息平台，如 12316 等，短信平台能与诸如 12316 这样的平台对接上，就能够提高平台的易用性与熟知程度，让用户在不改变使用习惯的情况下能够得到平台所提供的所有服务。目前短信平台已经和 12316 实现了对接，用户只要发送查询短信到 12316 即可查询到施肥方案信息。

6.2.2 基于测土配方施肥方案的手机短信发布技术可行性建议

（1）基于农村土地承包经营权确权数据的测土施肥方案短信发布技术是农村土地承包经营权确权数据在测土配方施肥方案发布中的一次创新性的有效尝试。利用农村土地承包经营权确权数据来发布测土施肥方案在理论上和技术上切实可行。

（2）基于农村土地承包经营权确权数据测土配方施肥方案的手机短信发布技术实现了空间全覆盖的测土配方施肥方案的发布技术。农村土地确权工作完成后，全国每块土地都有一个唯一的地块编号；测土配方施肥项目在全国推广应用，农技人员已经为每个地块推荐了准确的施肥方案，基于农村土地承包经营权确权数据的施肥方案短信发布技术可以实现空间全覆盖的施肥方案发布。

（3）基于农村土地承包经营权确权数据施肥方案的手机短信发布技术实现了网络全覆盖的测土配方施肥方案的发布技术，实现了三网合一的施肥方案查询发布方式，方便用户查询。

（4）基于农村土地承包经营权确权数据测土配方施肥方案的手机短信发布技术扩展了测土配方施肥方案发布推广应用空间边界。农村土地承包经营权确权数据地块编码、土地承包合同编号以及用户身份证号码数据拥有全国统一的数据标准和格式，极大地增加了基于农村土地承包经营权确权数据施肥方案的手机短信发布技术推广应用的空间边界。

（5）基于农村土地承包经营权确权数据测土配方施肥方案的手机短信发布技术扩展了测土配方施肥方案发布推广应用的时间边界。地块编码、土地承包合同编号、身份证号码等存在终身性的特点，极大地扩充了基于农村土地承包经营权确权数据施肥方案的手机短信发布技术推广应用的时间边界，增强了该项技术的生命力。

田块位置的准确表达除了用土地承包合同编号、地块编号以及户主身份证号码外，也可用手机号码、电话号码、行政单位＋农户姓名。另外，基于农村土地承包经营权确权数据的施肥方案的手机短信发布技术也要面对现实存在的农村土地的流转可能导致农村土地承包权和经营权不一致的情况，这种情况可通过补充调查或与农村产权交易平台共享信息解决。基于农村土地承包经营权确权数据的测土配方施肥方案的手机短信发布技术的成功应用，让基于农村土地承包经营权确权数据的农技综合信息手机短信发布技术成为可能，除了发布施肥方案之外，可发布种子购买、病虫害预报与防治等包含农作物生长全过程的农技服务信息。

第7章 耕地养分演变

7.1 扬州市耕地土壤有机质含量的演变

土壤有机质是评价土壤肥力的重要指标之一（韩丹等，2012），也是全球碳循环过程中重要的碳库，直接影响全球气候变化（赵明松等，2013；赵业婷等，2013；Hu et al.，2007；李婷等，2011；陈怀满等，2005；赵广帅等，2012），成为土壤学、环境化学等学科的热点研究领域（李玲等，2015），明确区域性土壤有机质含量变化特征，对培肥土壤和确保农田高产、稳产具有重要价值。土壤有机质含量具有明显的空间变异特征，土壤质地、成土母质、地形等均是影响土壤有机质含量的空间变异的因素（赵明松等，2013；赵明松等，2014）。农业区耕层土壤有机质空间变异性是由地形地貌、土壤类型、土壤质地等结构性因素以及施肥、种植制度等人为因素共同作用的结果（赵业婷等，2013；胡克林等，2006；宋莎等，2011）。农业生产中，每年要大量地向土壤中投入肥料、各类生物质，因此明确土壤有机质的时间变异特征也至关重要。刘云慧等（2005）研究发现土壤表层的有机质含量随时间的推移呈现增长的趋势，导致这种变化的主要因素有化肥施用量大幅度提升、秸秆还田量增加、盐碱地开垦利用、灌溉面积和复种指数提高等农作管理方式。也有研究表明，秸秆还田和施用有机肥导致耕层土壤有机质含量随时间推移呈上升趋势（胡克林等，2006）。本研究分析土壤结构、种植制度、耕作制度、施肥方式等因素对扬州市耕地土壤有机质含量变迁的影响特征。探明生产因素与耕地土壤有机质含量变化之间的内在联系，从生产要素角度改善耕地质量、提升耕地管理水平和土壤生产力。

7.1.1 不同年份耕地土壤有机质含量的统计特征

扬州市耕地土壤有机质含量呈先下降后稳定上升趋势，土壤有机质含量波动较大。由表7-1可知，1984年、1994年、2005年、2014年、2021年土壤有机质含量均值依次为 21.62 g/kg、16.15 g/kg、28.39 g/kg、27.63 g/kg、35.80 g/kg。土壤有机质含量分布类型为对数正态分布或正态分布，数据满足地质统计学理论中有关假设条件。1984—2021 年耕地土壤有机质含量增幅达65.59%，同时其变异系数差异较大，变异范围为 29.94%～52.45%。

表 7 - 1 1984—2021 年扬州市耕地土壤有机质的统计特征值

时间	分布类型	最小值 (g/kg)	最大值 (g/kg)	均值 (g/kg)	中位数 (g/kg)	标准差 (g/kg)	变异系数 (%)	样本数 (个)
1984 年	对数正态分布	4.60	193	21.62	20.20	11.34	52.45	4 107
1994 年	正态分布	5.30	90.2	16.15	16.10	4.96	30.71	2 862
2005 年	正态分布	4.60	68.4	28.39	28.40	8.50	29.94	4 018
2014 年	正态分布	3.90	119.6	27.63	26.97	8.31	30.07	6 009
2021 年	正态分布	5.80	106.5	35.80	35.80	11.491	32.10	878

7.1.2 耕地土壤有机质含量的时空分布特征

扬州市耕地土壤有机质含量的时空变化较大，整体上呈先下降后上升的变化趋势，高有机质含量耕地的面积不断增加。数据（表 7 - 2）表明：1984 年耕地土壤有机质含量集中在Ⅲ级和Ⅳ级。1994 年Ⅲ级面积下降，而Ⅳ级面积增加，整体呈下降趋势。1994 年耕地有机质含量为Ⅰ～Ⅳ级的面积依次是 1 908 km^2、3 551 km^2、34 748 km^2 和 249 690 km^2，占比为 1984 年的 16.92%、11.49%、24.42%和2.3 倍。2005 年土壤有机质含量与 1994 年相比，Ⅰ级、Ⅱ级和Ⅲ级面积明显增加，而Ⅳ级面积大幅下降，同时消除了Ⅴ级耕地。2014 年土壤有机质平均含量较稳定。Ⅱ～Ⅳ级水平基本稳定，而Ⅰ级水平的面积为 23 654 km^2，占总面积的 8.06%，所占比例约为 2005 年 2 倍。2021 年与 2014 年相比，Ⅰ级面积明显增加，占总面积的 33.29%，Ⅲ级大幅下降，其余基本稳定。

表 7 - 2 扬州市耕地不同年份的土壤有机质含量等级分布特征

分级	含量范围 (g/kg)	所占百分比（%）				
		1984 年	1994 年	2005 年	2014 年	2021 年
Ⅰ级	≥40	3.84	0.65	4.10	8.06	33.29
Ⅱ级	30~40	10.53	1.21	46.56	42.33	36.31
Ⅲ级	20~30	48.48	11.84	44.70	45.91	24.80
Ⅳ级	10~20	36.76	85.08	4.65	3.70	5.57
Ⅴ级	<10	0.39	1.22	0.00	0.00	0.02

7.1.3 不同功能区域土壤有机质含量的时空演变

扬州市农业整体上分为 4 个生产区域，分别为里下河洼地、沿江圩田地区、低丘缓岗陵地区和高沙土地区。由表 7 - 3 可知，1984—2021 年，各区域土壤有机质含量均呈先下降后上升的趋势，土壤有机质含量的区域变化与整体变化的特征一致。同时，4 个生产区域土壤有机质含量空间分布格局基本不变，1984—2014 年里下河洼地＞沿江圩田地区＞低丘缓岗＞高沙土地区，2021 年里下河洼地＞沿江圩田地区＞高沙土地区＞低丘缓岗。进一步分析表明（表 7 - 4）：1984—1994 年，耕地土壤有机质含量呈下降趋势，下降 10 g/kg 以内的耕地面积占总面积的 71.05％；其中里下河洼地下降最快，沿江圩田地区、低丘缓岗下降较慢，高沙土地区相对稳定。1994—2005 年，耕地土壤有机质含量上升75.79％，上升 10～20 g/kg 的耕地面积占面积的 67.44％；其中里下河洼地、沿江圩田地区上升最快，低丘缓岗、高沙土地区上升较慢。2005—2014 年土壤有机质含量渐趋稳定。1984—2014 年扬州市 20.8％的耕地土壤有机质含量增加大于 20 g/kg。

表 7 - 3　扬州市主要农业区不同年份的土壤有机质含量（g/kg）

主要农业区	1984 年	1994 年	2005 年	2014 年	2021 年
里下河洼地	27.41	18.01	33.08	32.85	40.39
沿江圩田地区	20.32	16.31	30.21	30.94	33.21
高沙土地区	14.12	12.15	19.50	22.31	29.31
低丘缓岗	19.12	15.92	23.50	23.83	24.85

表 7 - 4　扬州市不同时段土壤有机质含量的变化特征

时间	项目	变化范围（g/kg）					
		＜-20	-20～-10	-10～0	0～10	10～20	≥20
1984—1994 年	面积（hm²）	10 502	46 949	208 521	27 505		
	占比（％）	3.58	16.00	71.05	9.37		
1984—2005 年	面积（hm²）	5 888	1 684	16 007	202 494	65 941	1 463
	占比（％）	2.01	0.57	5.45	69.00	22.47	0.50
1994—2005 年	面积（hm²）		972	1 720	76 737	197 918	16 130
	占比（％）		0.33	0.59	26.15	67.44	5.50
1984—2014 年	面积（hm²）	5 863	4 123	40 306	117 362	115 061	10 762
	占比（％）	2.00％	1.40	13.73	39.99	39.21	3.67
1994—2014 年	面积（hm²）		958	82	61 967	208 005	22 465
	占比（％）		0.33	0.03	21.11	70.88	7.65
2005—2014 年	面积（hm²）	545	12 403	110 016	155 895	14 116	502
	占比（％）	0.19	4.23	37.49	53.12	4.81	0.17

7.1.4 不同因素对土壤有机质含量的影响

7.1.4.1 成土母质对土壤有机质含量的影响

土壤有机质含量与成土母质类型关系密切（尚斌等，2014）。成土母质能直接影响土壤的矿物组成和土壤颗粒组成，并在很大程度上支配着土壤物理、化学性质以及土壤生产力（李玲等，2015）。母质为黏土、冲积物、洪积物的土壤有机质总体含量较高，而母质为残积物和坡积物的土壤总体有机质含量相对较低（马红菊等，2016）。本研究发现，扬州地区湖相沉积物有机质含量最高、基岩残积物有机质含量最低（表 7-5）。其原因主要是湖相沉积母质是由近代湖畔中的湖积淤泥层发育而成，土壤颗粒细小、质地黏重、通气透水性差；基岩残积物是由基岩风化后形成的，未经搬运而残留在原地，土壤颗粒大、质地疏松、通气透水性良。随着时间的推移，8 种成土母质土壤有机质含量均呈明显上升的趋势，上升最快的是黄土母质，30 年间上升了 11.4 g/kg，上升最少的是湖相沉积物母质，上升了 3.4 g/kg。土地持续利用、土地利用类型的差异和种植方式不同可能是出现这种现象的主要原因。

表 7-5 不同成土母质土壤有机质在 1984—2014 年的变化

成土母质	有机质含量（g/kg）			
	1984 年	1994 年	2005 年	2014 年
湖相沉积物	29.2a	18.9a	33.2a	32.6a
黄泛冲积物	24.1b	17.3a	31.4a	28.5ab
黄淮冲积物	25.6b	17.5a	31.8a	30.6a
黄土	15.4d	13.7b	25.4b	26.8c
基岩残积物	13.8d	10.9c	20.1c	18.9e
下蜀黄土	14.2d	12.3b	22.9bc	22.8d
长江冲积物	20.5c	16.6ab	30.0ab	27.3ab
长江淤积物	22.3bc	17.5a	32.0a	28.4ab

注：同列相同字母表示数据无显著差异（$P < 0.05$）。

7.1.4.2 土壤质地对土壤有机质含量的影响

苏中平原南部土壤有机质含量空间变异主要受土壤质地、成土母质、地形等因素影响，其中土壤质地是空间变异的主要影响因素（赵明松等，2013）。扬州市土壤以重壤土、中壤土、轻黏土为主，占总耕地面积的 90% 以上，1984 年，土壤有机质含量轻黏土＞重壤土＞中壤土＞轻壤土＝沙壤土＞紧沙土。随着土壤颗粒变小，土壤有机质含量逐步增加（表 7-6）。其原因主要是土壤不同大小颗粒含量显著影响土壤有机质的累积与分解（Schimel et al.，1994）。土壤黏粒通过各种作用力与土壤有机质结合形成有机无机复合体，降低了土壤有机质矿化速度，有利于有机质积累；土壤沙粒与有机质结合形成有机无机复合体的能力弱，有机质矿化分解较快，导致土壤有机质含量较低（Hook et al.，2000）。

表 7-6　不同土壤质地不同年份土壤有机质含量之间的比较

土壤质地	有机质含量（g/kg）			
	1984 年	1994 年	2005 年	2014 年
紧沙土	12.6d	20.5c	23.5c	20.7c
轻壤土	15.3d	23.1bc	24.4bc	31.3b
轻黏土	31.3a	32.6a	32.4a	35.6a
沙壤土	15.3d	23.6bc	25.8bc	29.6b
中壤土	18.9c	25.3b	27.2b	29.8b
重壤土	22.7b	27.3b	29.8ab	29.4b

7.1.4.3　施肥和秸秆还田对土壤有机质含量的影响　耕地土壤中的有机质主要来源于作物秸秆、作物根系以及作物根系分泌物等，或者是外源施入的有机物料。施用化肥能够促进作物的生长，增加作物的生物量。施用有机肥在促进作物生长的同时投入了大量的有机物质。因此，施肥对土壤有机碳库及其演变过程均具有重要影响（张淑香等，2015）。扬州市 27 个耕地质量定位监测点 10 年的数据（图 7-1）表明，常规施肥区土壤有机含量整体高子长期无肥区，

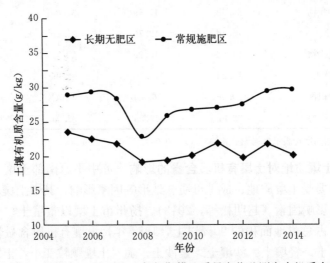

图 7-1　扬州市 2005—2014 年长期耕地质量定位监测点有机质含量

而长期无肥区土壤有机质含量总体稳定。常规施肥区 10 年土壤有机质含量平均值比长期无肥区高 23.78%。20 世纪 70 年代以前,扬州市农田肥料以农家肥为主,每年总用量都在 2 000 万 t 以上。20 世纪 80 年代以后,有机肥施用量大幅度下降。1988 年全市农家肥施用量为 1 285 万 t,1992 年为 1 066 万 t,1995 年为 870 万 t。可见,有机物料投入量大幅度下降是 1984—1994 年土壤有机质含量下降的主要原因。

秸秆还田作为全球有机农业的重要环节,对维持农田肥力、提高陆地土壤碳汇能力具有积极作用。秸秆还田能为土壤中的微生物提供丰富的碳源,刺激微生物活性,提高土壤肥力(潘剑玲等,2013)。农作物秸秆是农田土壤有机质的重要来源。随着秸秆还田时间的增加,土壤有机质含量呈显著增加趋势。20 世纪 90 年代初,扬州市就大力推广多种形式的秸秆还田技术,秸秆还田量从 1988 年的近 20 万 t 增加到 2005 年的约 100 万 t,2014 年高达 197.82 万 t(图 7-2),秸秆还田是扬州市土壤有机质含量上升的主要原因之一。秸秆还田能显著增加土壤有机质及其各组分的含量,促进有机质的累积并提高其稳定性(吴其聪等,2015)。

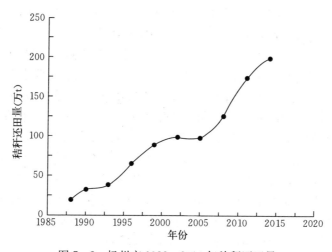

图 7-2　扬州市 1988—2014 年秸秆还田量

综上,扬州市 1984—2021 年耕地土壤有机质含量呈先下降后稳定上升的趋势。1994 年土壤有机质均值最低为 16.15 g/kg,2014 年均值为 27.63 g/kg,比 1984 年增加了 27.80%。土壤有机质含量在里下河地区、沿江圩区、丘陵地区和通南高沙土区 4 个生产区域的变化趋势与扬州市整体趋势一致。

扬州市高有机质含量的耕地面积占比逐年增加。1984 年土壤有机质空间分布以Ⅲ级(20~30 g/kg)、Ⅳ级(10~20 g/kg)为主,1994 年以Ⅳ级为主,

2005 年和 2014 年以Ⅱ级（30～40 g/kg）、Ⅲ级为主，2014 年Ⅰ级耕地（≥40 g/kg）的占比明显上升。2021 年Ⅰ级耕地（≥40 g/kg）的占比明显上升。

7.2　扬州市耕地土壤速效钾含量的演变

　　土壤速效钾是土壤中能够被当季作物获取的主要养分资源，是土壤肥力的重要指标之一（张世熔等，2003），它是土壤中对作物最有效的钾，也是作物高产和品质的重要影响因素，还有学者认为土壤速效钾含量的高低会影响生态环境的安全（范钦桢等，2005；金继运，1993；谭德水等，2007；张会民等，2007；Zhang et al.，2013；Ahmad et al.，1973）。因此合理控制土壤中速效钾的含量对作物产量和生态环境至关重要。张玲娥等（2014）通过野外调查、采样分析和资料搜集发现 30 年来曲周县土壤速效钾含量随时间的推移呈递减的趋势，前 20 年下降很快，后 10 年表现为总体略有下降、但局部有上升的趋势，土壤类型、土壤质地、土地利用类型和人为管理措施是其主要影响因素。孙维侠等（2005）对不同时期农田土壤速效钾的时空分异进行了研究，结果表明 1982—2002 年，虽然速效钾在空间分布模式上变化不大，但空间分布趋于复杂化。孙永健等（2007）以江苏省仪征市稻麦两熟农田为分析样区，发现 1984—2005 年土壤速效钾含量呈先减后增趋势。李晓燕等（2004）发现研究区土壤速效钾具有中等强度的空间自相关性，总体自东北向西南有规律地逐渐增大。苏建平等（2006）通过分析 1982—2002 年耕层土壤速效钾含量发现 20 年间耕层土壤速效钾含量已发生明显变化。李娟等（2004）采用基于 GIS（地理信息系统）的普通克里格法和概率克里格法分析土壤速效钾含量的时空变异特征，发现经过近 21 年的生态修复，土壤速效钾平均含量总体下降不多，但因土地利用和水土流失修复工程实施水平不同而有一定的差异。庞凤等（2009）发现速效钾含量具有强烈的空间相关性，结构性因子是影响其空间变异的主要原因；土壤速效钾含量在不同成土母质间有极显著差异。总体来看，钾养分平衡状况表现为亏损状态（许仙菊等，2016）。扬州市是国家重要的商品粮基地，耕地土壤速效钾含量高低对耕地土壤肥力提升至关重要。种植制度、耕作制度、施肥等的变化对耕地土壤速效钾含量产生了什么样的影响？为此对扬州市耕地土壤速效钾演变及驱动因子做了系统研究，以期为改善耕地土壤肥力、提升耕地质量提供科学依据。

7.2.1　不同年份土壤速效钾描述性统计

　　由表 7-7 可知，1984 年、1994 年、2005 年、2014 年、2021 年土壤速效

钾含量均值分别为 108.00 mg/kg、63.00 mg/kg、116.00 mg/kg、99.00 mg/kg、152.46 mg/kg，30 多年间呈先下降后上升再下降再上升的趋势。5 个时期土壤速效钾含量均表现为对数正态分布，都满足地质统计学理论中有关特征假设。5 个时期的土壤速效钾含量的变异系数差异较大，变异范围在 23.70% ～ 48.06%，表明 5 个时期土壤速效钾含量波动较大。

表 7-7　不同时期耕层土壤速效钾含量的统计特征值

时间	分布类型	最小值 (mg/kg)	最大值 (mg/kg)	均值 (mg/kg)	中位数 (mg/kg)	标准差 (mg/kg)	变异系数 (%)	样本数 (个)
1984 年	对数正态分布	10	543	108.00	101	51.91	48.06	4 107
1994 年	对数正态分布	33	192	63.00	61	14.93	23.70	2 862
2005 年	对数正态分布	24	624	116.00	108	49.12	42.34	4 018
2014 年	对数正态分布	22	292	99.00	94	36.67	37.04	6 009
2021 年	对数正态分布	36	534	152.46	145	61.2	40.14	878

7.2.2　不同年份土壤速效钾的空间分布特征

与 1984 年相比，1994 年土壤速效钾含量整体呈急剧下降趋势，平均含量仅为 63 mg/kg，整体处于 V（30～50 mg/kg）级水平。Ⅲ级（100～150 mg/kg）水平的面积为 822 km²，占总面积的 0.28%，仅为 1984 年的 1%。Ⅳ级（50～100 mg/kg）级水平的面积为 256 117 km²，占总面积的 87.27%，是 1984 年 2.4 倍。V（30～50 mg/kg）级水平的面积为 36 538 km²，占总面积的 12.45%，是 1984 年的 3.5 倍。

扬州市不同耕地土壤速效钾含量级别在耕地总面积中的占比见表 7-8。

表 7-8　扬州市不同耕地土壤速效钾含量级别在耕地总面积中的占比

分级	含量范围 (mg/kg)	所占百分比（%）				
		1984 年	1994 年	2005 年	2014 年	2021 年
Ⅰ级	>200	1.36	0.00	2.91	0.01	15.39
Ⅱ级	150～200	28.99	0.00	32.76	6.81	29.69
Ⅲ级	100～150	28.98	0.28	29.57	45.92	35.94
Ⅳ级	50～100	37.11	87.27	34.35	47.07	18.98
V级	30～50	3.52	12.45	0.41	0.19	0.00
Ⅵ级	<30	0.05	0.00	0.00	0.00	0.00

与 1994 年相比，2005 年土壤速效钾含量明显上升，平均含量为 116 mg/kg，整体处于Ⅲ级（100～150 mg/kg）水平。Ⅰ级（>200 mg/kg）水平的面积 8 590 km²，占总面积的 2.91%；Ⅱ级（150～200 mg/kg）水平面积为 96 143 km²，占总面积 32.76%；Ⅲ级（100～150 mg/kg）水平的面积为 86 781 km²，占总面积 29.57%；Ⅳ级（50～100 mg/kg）水平的面积为 100 809 km²，占总面积 34.35%，所占比例是 1984 年 39.36%。

2014 年与 2005 年相比，土壤速效钾含量呈平缓下降的趋势。Ⅰ级（>200 mg/kg）水平的面积为 29 km²，占总面积 0.01%；Ⅱ级（150～200 mg/kg）水平的面积为 19 986 km²，占总面积 6.81%，所占比例为 2005 年 20.79%；Ⅲ级（100～150 mg/kg）水平的面积为 134 165 km²，占总面积 45.92%，是 2005 年的 1.6 倍；Ⅳ级（50～100 mg/kg）水平的面积为 138 140 km²，占总面积的 47.07%，是 2005 年 1.4 倍。

2021 年土壤速效钾含量在耕地总面积中的占比分别为：Ⅰ级（>200 mg/kg）占总面积 15.39%；Ⅱ级（150～200 mg/kg）占总面积 29.69%，所占比例为 2005 年 20.79%；Ⅲ级（100～150 mg/kg）占总面积 35.94%；Ⅳ级（50～100 mg/kg）占总面积的 18.98%。

7.2.3 不同年份土壤速效钾的时空演变

表 7 - 9 表明，1984—2014 年土壤速效钾空间分布格局基本不变，总体呈现里下河洼地>沿江圩田地区>低丘缓岗>高沙土地区的趋势；2021 年总体呈现里下河洼地>低丘缓岗>沿江圩田地区>高沙土地区的趋势。

表 7 - 9 扬州市主要农业区不同年份土壤速效钾含量平均值

主要农业区	不同年份土壤速效钾含量（mg/kg）				
	1984 年	1994 年	2005 年	2014 年	2021 年
里下河洼地	141	95	149	118	173
沿江圩田地区	115	73	125	106	108
高沙土地区	78	51	92	89	88
低丘缓岗	96	60	101	92	125

为进一步研究区域土壤速效钾含量变化趋势，本研究对 4 年土壤速效钾含量分布图层进行了图层空间差减提取比较分析（表 7 - 10），结果表明：1984—2014 年土壤速效钾含量呈先下降后上升再下降的趋势；1984—1994 年 95% 以上的耕地土壤速效钾含量下降；1994—2005 年土壤速效钾含量上升幅

度较大；2005—2014 年土壤速效钾含量呈稳定下降趋势。据调查，土壤速效钾含量产生波动的主要原因是 1984—2005 年农户长期只注重农作物产量和氮、磷化肥用量的不断提高，而忽视了作物从土壤中移走的钾，而以有机肥、秸秆还田和施用含钾化肥等形式归还至土壤的钾未能补足作物的移走量，致使土壤钾长期处于亏缺状态。

表 7-10　扬州市不同时期土壤速效钾含量

时期	项目	速效钾含量（mg/kg）					
		<—50	—50～—30	—30～0	0～30	30～50	>50
1984—1994 年	面积（hm²）	142 041	36 727	104 793	9 916		
	占比（%）	48.40	12.51	35.71	3.38		
1984—2005 年	面积（hm²）	2 006	10 970	84 086	155 770	25 654	14 991
	占比（%）	0.68	3.74	28.65	53.08	8.74	5.11
1994—2005 年	面积（hm²）		3	638	68 475	51 987	172 374
	占比（%）		0.00	0.22	23.33	17.71	58.74
1984—2014 年	面积（hm²）	34 175	42 629	94 748	100 175	13 950	7 800
	占比（%）	11.64	14.53	32.28	34.13	4.70	2.66
1994—2014 年	面积（hm²）		3	738	104 735	105 714	82 286
	占比（%）		0.00	0.20	35.69	36.02	28.04
2005—2014 年	面积（hm²）	41 381	44 502	146 691	58 131	1 507	1 266
	占比（%）	14.10	15.16	49.98	19.81	0.51	0.40

7.2.4　不同因素对土壤速效钾含量的影响

7.2.4.1　成土母质对土壤速效钾含量的影响　成土母质是影响土壤速效钾含量的重要因素之一。本研究区域共有 8 种成土母质，通过对 1984 年、1994 年、2005 年、2014 年成土母质的比较（表 7-11）可知，成土母质对土壤速效钾空间分布有很大的影响，母质的颗粒大小以及黏粒程度会影响速效钾含量。湖相沉积物速效钾含量最高、基岩残积物速效钾含量最低，主要是由于湖相沉积母质是由近代湖畔湖积淤泥层发育而成，呈灰黑色、黏质，基岩残积物是基岩风化后基本上未经搬运而残留在原地的产物，颗粒大。但随着时间的推移，8 种成土母质土壤速效钾含量均呈明显下降的趋势，下降最快的是黄泛冲积物，30 年间下降了 25 mg/kg，主要原因是种植方式发生了改变。

表 7 - 11　不同成土母质土壤速效钾含量在 1984—2014 年的变化

成土母质	速效钾含量（mg/kg）			
	1984 年	1994 年	2005 年	2014 年
湖相沉积物	151a	74a	153a	122a
黄泛冲积物	144a	73a	150a	117a
黄淮冲积物	147a	73a	151a	122a
黄土母质	87c	56bc	88bc	91b
基岩残积物	108b	60b	94b	99b
下蜀黄土	95bc	59b	95b	92b
长江冲积物	72d	52c	82c	80c
长江淤积物	81c	56bc	82c	83c

注：同列相同字母表示数据无显著差异（$P<0.05$）。

7.2.4.2　土壤质地对土壤速效钾含量的影响　土壤质地也是影响土壤有机质含量的重要因素。研究区域的土壤质地共有 6 种，以重壤土、中壤土、轻黏土为主，占总耕地面积的 90% 以上，紧沙土＜沙壤土＜轻壤土＜中壤土＜重壤土＜轻黏土。基本上呈现随着土壤颗粒的变粗土壤速效钾含量下降的趋势。通过对 1984 年、1994 年、2005 年、2014 年的对比可知（表 7 - 12），不同土壤质地对土壤速效钾含量影响不显著，土壤速效钾含量趋势基本一致。

表 7 - 12　不同质地土壤不同年份速效钾含量的比较

土壤质地	速效钾含量（mg/kg）			
	1984 年	1994 年	2005 年	2014 年
紧沙土	47d	45e	78d	68d
轻壤土	68c	52d	88c	83c
轻黏土	126a	86a	131a	111a
沙壤土	57cd	50d	82cd	79c
中壤土	108b	68c	120b	101b
重壤土	120a	75b	126ab	107a

注：同列相同字母表示数据无显著差异（$P<0.05$）。

7.2.4.3　施肥对土壤速效钾含量的影响　施肥是影响土壤有机碳库及其土壤速效钾含量的重要参数。1984—2014 年扬州市 30 年钾肥（K_2O）投入量呈增加趋势（图 7 - 3），1984—2004 年钾肥（K_2O）投入量持续增加，2005—2014 年钾肥（K_2O）投入量呈波动趋势。这与土壤速效钾含量总体变化趋势不一致，主要原因是前 10 年投入钾肥量偏少，前 10 年钾肥（K_2O）投入量平均只有 5 116 t，每平方千米平均投入量仅为 17 kg，这一时期有机肥料投入量也呈下降趋势。1994—2004 年化学钾肥的投入量大幅增加，秸秆还田面积及还田量也大幅增长，与土壤速效钾含量迅速增加的趋势一致。2005—2014 年虽然钾肥投入量较大，秸秆还田的面积和数量也有所增加，但这一时期粮食产量增加很快（图 7 - 4），2014 年粮食产量高达 314.1 万 t，作物生长从土壤带走的钾量高于投入到土壤中的钾量，使土壤中的钾处于亏缺状态，导致土壤速效钾含量呈减少趋势，这与许仙菊等的研究结果一致（许仙菊等，2016）。

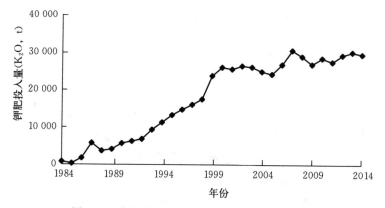

图 7 - 3　扬州市 1984—2014 年钾肥投入量变化

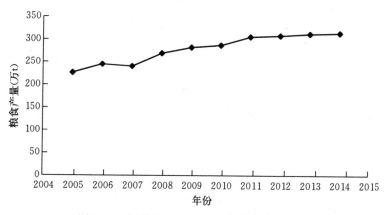

图 7 - 4　扬州市 2005—2014 年粮食产量变化

7.2.4.4　秸秆还田对土壤速效钾含量的影响　秸秆还田是土壤中的速效钾含量增加的重要原因。根据表 7 - 13 及图 7 - 5，1991—2005 年连续 14 年秸秆还田可以显著提高土壤速效钾含量，其中 2005 年速效钾含量为 115 mg/kg，比1991 增加了 57 mg/kg，增幅接近 1 倍。据统计 1988—2014 年秸秆还田数量由不到 20 万 t 迅速增加到 197.82 万 t（图 7-6），增加趋势显著，这对土壤中速效钾含量保持动态平衡起着重要作用。

表 7-13 扬州市邗江区沙头镇连续 14 年秸秆全量还田土壤理化性状变化

年份	有机质（g/kg）	有效磷（mg/kg）	速效钾（mg/kg）	容重（g/cm³）
1991	22.5	5.3	58	1.30
1994	25.8	6.7	61	1.21
1998	32.5	12.1	81	1.08
2001	33.0	13.5	95	1.09
2005	35.8	13.9	115	1.08

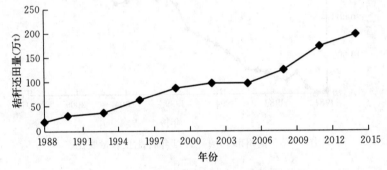

图 7-5 扬州市 1991—2005 年秸秆还田量

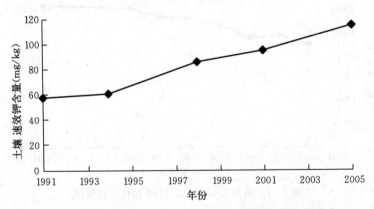

图 7-6 扬州市 1988—2014 年定位点土壤速效钾含量变化

综上，2014 年土壤速效钾空间分布以Ⅲ级（100～150 mg/kg）、Ⅳ级（50～100 mg/kg）为主，占总面积的 90% 以上；2005 年速效钾空间分布以Ⅱ级（150～200 mg/kg）、Ⅲ级（100～150 mg/kg）、Ⅳ级（50～100 mg/kg）为

主，占总面积的 95％以上；1994 年速效钾空间分布以Ⅳ级（50～100 mg/kg）为主，占总面积的 87.27％；1984 年速效钾空间分布以Ⅱ级（150～200 mg/kg）、Ⅲ级（100～150 mg/kg）、Ⅳ级（50～100 mg/kg）为主，占总面积的 95％以上。

土壤速效钾含量总体呈先下降后上升再下降的趋势。1984—1994 年速效钾含量下降明显，95％的耕地土壤速效钾含量下降；1994—2005 年土壤速效钾含量有大幅度提升；2005—2014 年土壤速效钾含量呈稳定下降趋势。

影响土壤速效钾时空演变的因子主要有成土母质、土壤质地、施用化学钾肥、秸秆还田等。其中成土母质、土壤质地影响土壤速效空间分布；施肥、秸秆还田是土壤速效钾时间序列演变的主要驱动因子。

7.3　扬州市耕地土壤有效磷含量的演变

土壤有效磷含量是衡量土壤磷供应能力的直接指标，也是评价土壤肥力及土壤环境污染的重要指标之一（廖菁菁等，2007；曾招兵等，2014；展晓莹等，2015）。磷肥的合理施用对土壤中有效磷含量及作物产量提高有重要作用，但磷肥过量施用会产生农业面源污染。因此合理控制和预测土壤中有效磷含量对粮食生产和控制农业面源污染至关重要。长期合理施用磷肥可以增加土壤中有效磷含量以及作物产量（袁天佑等，2017；裴瑞娜等，2010；刘彦伶等，2016；叶会财等，2015；黄晶等，2016；沈浦等，2014）。王淑英等（2009）研究北京市平谷区耕层（0～20 cm）土壤有效磷含量发现其属强变异程度，主要与高程、土地利用方式及施肥量有关。廖菁菁等（2007）研究长江三角洲地区 20 年间农田土壤有效磷的时空变异发现有效磷在空间分布上有一定的变化，随着时间的推移整体呈持续增长的趋势。曾招兵等（2014）研究广东省 1984 年以来的耕地长期定位监测网数据和重点监测点数据发现耕地土壤有效磷含量总体水平增长了近 3 倍。于洋等（2015）研究渭北台塬区 20 多年耕地土壤有效磷含量发现施肥、灌溉等人为活动是影响有效磷含量时空变异特征的重要因素。扬州市是国家重要的商品粮基地，耕地土壤有效磷含量水平对耕地土壤肥力及作物产量提升相当重要。种植制度、耕作制度、施肥等的变化对耕地土壤有效磷含量产生了什么样的影响？为此对扬州市耕地土壤有效磷含量演变及驱动因子做了系统研究，以期为预测和控制施用磷肥提供科学依据。

7.3.1　不同年份土壤有效磷描述性统计

由表 7 - 14 可知，1984 年、1994 年、2005 年、2014 年、2021 年土壤有

效磷含量均值分别为 21.62 g/kg、16.15 g/kg、28.39 g/kg、27.63 g/kg、29.08 g/kg，土壤有效磷含量呈先下降后稳定上升趋势。5 个时期土壤有效磷含量的分布类型表现为对数正态分布或正态分布，说明 5 个时期的数据都满足地质统计学理论中有关特征假设，1984—2021 年土壤有效磷含量平均从 21.62 g/kg上升到 29.08 g/kg，增幅达 34.51%，5 个时期的土壤有效磷含量的变异系数差异较大，变异范围在 29.94%～64.72%，表明 5 个时期土壤有效磷含量波动较大。

表 7 - 14　不同时期耕层土壤有效磷含量的统计特征值

时间	分布类型	最小值 (g/kg)	最大值 (g/kg)	均值 (g/kg)	中位数 (g/kg)	标准差 (g/kg)	变异系数 (%)	样本数 (个)
1984 年	对数正态分布	4.60	193	21.62	20.20	11.34	52.45	4 107
1994 年	正态分布	5.30	90.2	16.15	16.10	4.96	30.71	2 862
2005 年	正态分布	4.60	68.4	28.39	28.40	8.50	29.94	4 018
2014 年	正态分布	5.92	119.6	27.63	26.97	8.31	30.07	6 009
2021 年	对数正态分布	2.8	202.1	29.08	25.13	18.82	64.72	878

7.3.2　不同年份土壤有效磷的空间分布特征

应用 Kriging（地理信息系统软件 ArcGIS10.3）进行最优内插法，形成了各级耕地分布面积统计表（表 7 - 15）。

表 7 - 15　扬州市不同耕地土壤有效磷含量级别在耕地总面积中的占比

分级	含量范围 (g/kg)	占比 (%)				
		1984 年	1994 年	2005 年	2014 年	2021 年
Ⅰ级	≥40	3.84	0.65	4.10	8.06	19.38
Ⅱ级	30～40	10.53	1.21	46.56	42.33	56.50
Ⅲ级	20～30	48.48	11.84	44.70	45.91	20.65
Ⅳ级	10～20	36.76	85.08	4.65	3.70	3.36
Ⅴ级	<10	0.39	1.22	0.00	0.00	0.12

1994 年土壤有效磷平均含量与 1984 年相比整体呈下降趋势。Ⅰ级（≥40 g/kg）水平的面积为 1 908 km²，占总面积的 0.65%，所占比例为 1984 年 16.92%；Ⅱ级（30～40 g/kg）水平的面积为 3 551 km²，占总面积的 1.21%，所占比例为 1984 年 11.49%；Ⅲ级（20～30 g/kg）水平的面积为 34 748 km²，占总面积的 11.84%，所占比例为 1984 年 24.42%；Ⅳ级（10～20 g/kg）水平的面

积为 249 690 km²，占总面积的 85.08%，是 1984 年的 2.3 倍。

2005 年土壤有效磷平均含量与 1994 年相比明显上升。Ⅰ级（≥40 g/kg）水平的面积为 12 033 km²，占总面积的 4.10%，所占比例是 1994 年 6.3 倍；Ⅱ级（30~40 g/kg）水平的面积为 136 643 km²，占总面积的 45.56%，所占比例是 1994 年的 38.5 倍，上升明显；Ⅲ级（20~30 g/kg）水平的面积为 131 184 km²，占总面积的 44.70%，所占比例为 1994 年 3.8 倍；Ⅳ级（10~20 g/kg）水平的面积为 13 647 km²，占总面积的 4.65%，所占比例为 1984 年 5.47%。

2014 年土壤有效磷平均含量与 2005 年相比比较稳定。Ⅰ级（≥40 g/kg）水平的面积为 23 654 km²，占总面积的 8.06%，所占比例约为 2005 年 2 倍；Ⅱ级（30~40 g/kg）水平的面积为 124 229 km²，占总面积的 42.33%，与 2005 年基本持平；Ⅲ级（20~30 g/kg）水平的面积为 134 735 km²，占总面积的 45.91%，与 2005 年基本持平；Ⅳ级（10~20 g/kg）水平的面积为 10 859 km²，占总面积的 3.70%，所占比例为 2005 年的 79.60%。

2021 年土壤有效磷含量在耕地总面积中的占比分别为：Ⅰ级（≥40 g/kg）19.38%；Ⅱ级（30~40 g/kg）56.50%；Ⅲ级（20~30 g/kg）20.65%；Ⅳ级（10~20 g/kg）3.36%，与 2014 年基本持平。

7.3.3　不同年份土壤有效磷的时空演变

表 7-16 表明，1984—2014 年扬州市不同农业土壤有效磷含量均呈先下降后上升的趋势，而其空间分布格局基本不变，里下河洼地＞沿江圩田地区＞低丘缓岗＞高沙土地区。

表 7-16　扬州市主要农业区不同年份土壤有效磷含量平均值

主要农业区	有效磷含量平均值（g/kg）				
	1984 年	1994 年	2005 年	2014 年	2021 年
里下河洼地	27.41	18.01	33.08	32.85	32.99
沿江圩田地区	20.32	16.31	30.21	30.94	34.77
高沙土地区	14.12	12.15	19.50	22.31	31.10
低丘缓岗	19.12	15.92	23.50	23.83	19.75

为进一步研究区域土壤有效磷变化趋势，本研究对 4 个时期土壤有效磷分布图层进行了图层空间差减提取比较分析（表 7-17）。结果表明：1984—1994 年有效磷含量呈下降趋势，下降 0~10 g/kg 的占总面积的 71.05%；研

究区土壤有效磷含量整体下降，其中里下河洼地下降最快，沿江圩田地区、低丘缓岗下降较慢，高沙土地区相对稳定。1994—2005 年土壤有效磷含量上升幅度达 99.09%，上升 10～20 g/kg 的比例占总面积的 67.44%，研究区整体上升，其中里下河洼地、沿江圩田地区上升最快，低丘缓岗、高沙土地区上升较慢。2005—2014 年土壤有效磷含量渐趋稳定。总体而言，1984—2014 年土壤有效磷含量增加，上升 0～20 g/kg 的占总面积的 79.2%。

表 7-17　扬州市不同时期土壤有效磷含量变化

时间	项目	变化范围（g/kg）					
		<−20	−20～−10	−10～0	0～10	10～20	≥20
1984—1994 年	面积（hm²）	10 502	46 949	208 521	27 505		
	占比（%）	3.58	16.00	71.05	9.37		
1984—2005 年	面积（hm²）	5 888	1 684	16 007	202 494	65 941	1 463
	占比（%）	2.01	0.57	5.45	69.00	22.47	0.50
1994—2005 年	面积（hm²）		972	1 720	76 737	197 918	16 130
	占比（%）		0.33	0.59	26.15	67.44	5.50
1984—2014 年	面积（hm²）	5 863	4 123	40 306	117 362	115 061	10 762
	占比（%）	2.00%	1.40	13.73	39.99	39.21	3.67
1994—2014 年	面积（hm²）		958	82	61 967	208 005	22 465
	占比（%）		0.33	0.03	21.11	70.88	7.65
2005—2014 年	面积（hm²）	545	12 403	110 016	155 895	14 116	502
	占比（%）	0.19	4.23	37.49	53.12	4.81	0.17

7.3.4　不同因素对土壤有效磷含量的影响

7.3.4.1　成土母质对土壤有效磷含量的影响　成土母质是影响土壤有效磷含量的因素之一。本研究区域共有 8 种成土母质，通过对 1984 年、1994 年、2005 年、2014 年成土母质的比较（表 7-18）可知，成土母质对土壤有效磷空间分布有很大的影响，通过母质的颗粒大小以及黏粒程度来影响有效磷含量（黄晶等，2016）。湖相沉积物有效磷含量最高、基岩残积物有效磷含量最低，主要是由于湖相沉积母质是由近代湖畔湖积淤泥层发育，呈灰黑色、黏质，基岩残积物是基岩风化后基本上未经搬运而残留在原地的产物，颗粒大。但随着时间的推移，8 种成土母质土壤的有效磷含量均呈明显上升的趋势，上升最快的是黄土母质，30 年间上升了 11.4 g/kg，主要原因是种植方式发生了改变。

表 7 - 18　不同成土母质土壤有效磷含量在 1984—2014 年的变化

成土母质	土壤有效磷含量（g/kg）			
	1984 年	1994 年	2005 年	2014 年
湖相沉积物	29.2a	18.9a	33.2a	32.6a
黄泛冲积物	24.1b	17.3a	31.4a	28.5ab
黄淮冲积物	25.6b	17.5a	31.8a	30.6a
黄土母质	15.4d	13.7b	25.4b	26.8c
基岩残积物	13.8d	10.9c	20.1c	18.9e
下蜀黄土	14.2d	12.3b	22.9bc	22.8d
长江冲积物	20.5c	16.6ab	30.0ab	27.3ab
长江淤积物	22.3bc	17.5a	32.0a	28.4ab

注：同列相同字母表示数据无显著差异（P＜0.05）。

7.3.4.2　土壤质地对土壤有效磷含量的影响　土壤质地也是影响土壤有效磷含量的重要因素。研究区域的土壤质地共有 6 种，以重壤土、中壤土、轻黏土为主，占总耕地面积的 90% 以上，1984 年，轻黏土＞重壤土＞中壤土＞轻壤土＝沙壤土＞紧沙土。基本上呈现随着土壤颗粒变细有效磷含量增加的趋势，这与已有研究得到的结论是一致的（裴瑞娜等，2010）。通过对 1984 年、1994年、2005 年、2014 年的数据进行对比（表 7 - 19）可知，不同土壤质地对土壤有效磷含量有显著影响，总体使有效磷含量呈上升趋势。

表 7 - 19　不同年份不同质地土壤有效磷含量的比较

土壤质地	土壤有效磷含量（g/kg）			
	1984 年	1994 年	2005 年	2014 年
紧沙土	12.6d	20.5c	23.5c	20.7c
轻壤土	15.3d	23.1bc	24.4bc	31.3b
轻黏土	31.3a	32.6a	32.4a	35.6a
沙壤土	15.3d	23.6bc	25.8bc	29.6b
中壤土	18.9c	25.3b	27.2b	29.8b
重壤土	22.7b	27.3b	29.8ab	29.4b

7.3.4.3　施肥对土壤有效磷含量的影响　通过对扬州市 27 个长期耕地质量定位监测点数据进行分析可知（图 7 - 7），长期施肥区 2005—2015 年 10 年间土壤有效磷含量高于长期无肥区，长期无肥区 10 年间土壤有效磷含量总体呈稳定趋势。长期无肥区 10 年间土壤有效磷含量平均值比长期施肥区低 23.78%。

这与徐明岗等（2015）的研究是一致的。

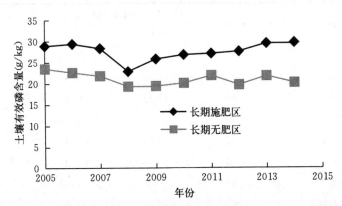

图 7-7　扬州市 2005—2014 年长期耕地质量定位监测点土壤有效磷含量变化

7.3.4.4　有机物料投入对土壤有效磷含量的影响　有机物料投入是影响土壤有机磷含量变化的重要因素。根据扬州市 2014 年有机肥资源利用情况调查结果可知，化肥施用量增加，有机物料投入大幅度下降。扬州市有机物料利用现状有以下几个特点：

（1）农家肥品种单一，用量逐年下降。调查资料表明，20 世纪 70 年代以前，农田肥料以农家肥为主，每年总用量都在 2 000 万 t 以上。20 世纪 80 年代以后，有机肥用量大幅度下降。1988 年全市农家肥施用量为 1 285 万 t，1992 年为 1 066 万 t，1995 年为 870 万 t。经调查概算，2014 年扬州市养殖业产生的畜禽粪便约 646 万 t，其中：牛粪 1.53 万 t，尿液 1.34 万 t；猪粪 212.6 万 t、尿液 357.32 万 t；禽粪 73.56 万 t，畜禽粪合计 287.66 万 t、尿液 358.66 万 t。现有耕地面积 293 477 km²，平均每平方千米耕地可用畜禽粪尿量 22.01 t/年。农家肥资源丰富，但使用量少。经调查，全市 80% 的田块不使用有机肥，丘陵地区情况稍好一些，50% 以上的田块没有施用有机肥。

（2）绿肥作物面积小，但发展空间大。扬州市绿肥以冬绿肥为主，品种有黄花草、紫云英、苕子和箭筈豌豆等。20 世纪 60 年代初，开始推广种植冬绿肥，1965 年冬绿肥推广面积 60 万亩，1975 年达 75 万亩。20 世纪 70 年代中后期，由于三熟制面积扩大、粮食生产指标增加，逐渐出现扩粮缩绿、以油代绿的现象，绿肥面积逐年缩小，1988 年全市施用绿肥面积仅为 15 万亩，且都是秧田绿肥，2000 年以后，全市绿肥面积只剩 3 万亩左右。人们施用化肥取代了有机肥。1988 年全市施用绿肥种植积 40 万亩左右，

1995 年约为 25 万亩，1998 年锐减到 8.8 万亩，2005—2014 年全市施用绿肥种植面积只有 4 万亩左右。

（3）商品有机肥施用量不大。2006—2014 年商品有机肥的施用量每年维持在 20 000 t 左右，主要是精制有机肥和生物有机肥，大部分应用于蔬菜、茶等经济作物，大宗农作物施用量很少。

综上所述，1984—1994 年有机物料投入量大幅度下降是前 10 年土壤有效磷下降的重要原因之一。

7.3.4.5　秸秆还田对土壤有效磷含量的影响　由图 7-8 可见，随着秸秆还田时间的延长，土壤有效磷含量呈显著增加趋势，2005 年比 1991 年增加了 13.3 g/kg，增幅达 59.11%。秸秆还田是提高土壤有效磷含量的重要途径。长期秸秆还田的田块土质松软、土壤腐殖质增加、容重降低、通透性改善、蓄水保肥能力增强。

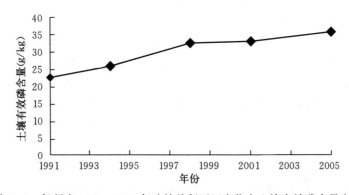

图 7-8　扬州市 1991—2005 年连续秸秆还田定位点土壤有效磷含量变化

扬州市从 20 世纪 90 年代初就大力推广多种形式的秸秆还田技术，1999 年以来，大面积推广机械化秸秆还田和超高茬麦田套稻秸秆还田技术，秸秆还田数量大幅度增加。2000 年扬州市稻麦机械收割留高茬还田面积达 365 万亩次，其中秸秆全量还田面积 219 万亩次。秸秆还田量从 1988 年的近 20 万 t 增加到 2005 年的约 100 万 t，2005 年以后秸秆还田量呈增加趋势，2014 年高达 197.82 万 t（图 7-9），秸秆还田是扬州市 1994—2014 年土壤有效磷含量上升的主要原因之一。

综上，2014 年土壤有效磷均值为 27.63 g/kg，比 1984 年上升了 6.01 g/kg，增幅为 27.80%。2014 年土壤有效磷空间分布以Ⅱ级（30～40 g/kg）、Ⅲ级（20～30 g/kg）水平为主，占总面积的 88.24%；2005 年土壤有效磷空间分布以Ⅱ级（30～40 g/kg）、Ⅲ级（20～30 g/kg）水平为主，占总面积的 90% 以

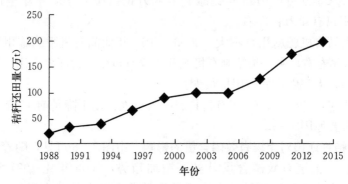

图 7 - 9　扬州市 1988—2014 年秸秆还田量统计变化

上；1994 年有效磷空间分布都以Ⅳ级（10～20 g/kg）水平为主，占总面积的 85.08％；1984 年有效磷空间分布都以Ⅲ级（20～30 g/kg）、Ⅳ级（10～20 g/kg）水平为主，占总面积的 80％以上。

30 年间土壤有效磷含量呈先下降后稳定上升趋势，其中前 10 年呈下降趋势，后 20 年呈稳定上升趋势，土壤有效磷上升 0～20 g/kg 的占总面积的 79.2％。前 10 年有效磷含量下降，下降 0～10 g/kg 的占总面积的 71.05％；1994—2005 年土壤有效磷含量上升幅度达 75.79％，上升 10～20 g/kg 的占总面积的 67.44％；2005—2015 年土壤有效磷含量呈稳定趋势。

土壤有效磷时空演变的驱动因子主要有地貌类型、成土母质、施肥、秸秆还田等。其中地貌类型、成土母质是土壤有效磷空间分布的主要驱动因子；施肥、秸秆还田等农艺措施是土壤有效磷随时间演变的主要驱动因子。

7.4　扬州市耕地土壤 pH 的演变

土壤 pH 是土壤最重要的指标之一，它深刻地影响着其他养分的有效性，也影响有毒害作用元素的活性，是限制大多数作物生长的一个主要环境因子（朱小琴等，2009），因此它是土壤化学中最为综合和重要的特征，也是耕地质量评价体系中的重要因子（Bedrna，2007；Black，2002；胡宁等，2010；苏有健等，2014）。目前，土壤酸化已成为全社会关注的热点，土壤酸化在我国南方已相当严重（王志刚等，2008；郭治兴等，2011；曾招兵等，2014；邵学新等，2006；张永春等，2010；周晓阳等，2015）。相关资料显示连续施用化学氮肥 10～20 年，部分耕层土壤 pH 下降幅度可超过 1，且随着施氮量的增加而明显增加（孟红旗等，2013；Barak et al.，1997；徐仁扣等，2002；Covaleda et al.，2009；Zhang et al.，2009；Malhi et al.，2011；Malhi et al.，1998；Schroder et al.，2011；McAndrew et al.，1992）。郭治兴等（2011）研究发现 20 年时间内广东省土壤整体表现为酸化，但空间分布格局基本不变。曾招兵等（2014）利用广东省 1984 年以来的长期定位监测数据发现 1984 年以来水稻土整体呈明显的酸化趋势，水稻土 pH 下降了 0.33，强酸性和酸性土壤的分布频率呈明显的上升趋势。王志刚等（2008）通过比较 1980 年和 2003 年江苏省土壤 pH 空间分布图发现南酸北碱，但局部地区存在较大的变化，总体表现为酸化。邵学新等（2009）通过调查和分析江苏省张家港市 2004 年和 1980 年的土壤 pH 发现自第二次土壤普查以来土壤 pH 明显下降。扬州市是国家重要的商品粮基地，耕地土壤酸化对粮食安全生产至关重要。种植制度、耕作制度、施肥、降雨等的变化对耕地土壤酸化产生了什么样的影响？基于此对扬州市耕地土壤 30 多年的 pH 演变及驱动因子做了系统研究，以期为预测和控制土壤酸化提供科学依据。

7.4.1　不同年份土壤 pH 描述性统计

由表 7 - 20 可知，1984 年、1994 年、2005 年、2014 年、2021 年土壤 pH 均值分别为 7.51、7.07、6.83、6.74、6.88，30 多年间耕地土壤 pH 呈持续下降后上升趋势，5 个时期土壤 pH 的分布类型为对数正态分布或正态分布，说明 5 个时期的数据都满足地质统计学理论中有关特征假设；1984—2021 年 pH 平均值从 7.51 减少为 6.88，降低了 0.63，表明土壤呈酸化趋势。5 个时期的土壤 pH 的变异系数差异不大，变异范围为 9.32%～13.95%，反映了 pH 总体数据比较稳定。

表 7 - 20　不同时期耕层土壤 pH 的统计特征值

时间	分布类型	最小值	最大值	均值	中位数	标准差	变异系数（%）	样本数（个）
1984 年	对数正态分布	4.40	9.50	7.51	7.70	0.70	9.32	4 107
1994 年	对数正态分布	5.10	8.60	7.07	7.10	0.72	10.18	2 862
2005 年	正态分布	4.60	8.50	6.83	6.80	0.82	12.01	4 018
2014 年	正态分布	4.00	8.80	6.74	6.60	0.94	13.95	6 009
2021 年	正态分布	4.10	8.70	6.88	6.80	0.89	12.94	878

7.4.2　不同年份土壤 pH 的空间分布特征

应用 Kriging（地理信息系统软件 ArcGIS10.3）进行最优内插法，形成了不同年份的各级耕地分布面积统计表（表 7 - 21）。

表 7 - 21　扬州市不同 pH 范围土壤在耕地土壤总面积中的百分比

分级	pH 范围	占比（％）				
		1984 年	1994 年	2005 年	2014 年	2021 年
Ⅰ级	≥7.5	69.39	35.27	31.97	33.54	22.97
Ⅱ级	6.5～7.5	25.41	50.15	46.91	31.26	31.20
Ⅲ级	5.5～6.5	5.19	14.56	20.57	34.44	41.52
Ⅳ级	＜5.5	0.00	0.02	0.55	0.75	4.30

与 1984 年相比，1994 年土壤 pH 呈现大幅下降趋势。Ⅰ级水平的面积为 103 500 hm²，占总面积的 35.27％，所占比例仅为 1984 年 50.8％；Ⅱ级水平的面积为 147 190 hm²，占总面积的 50.15％，所占比例约为 1984 年 2 倍；Ⅲ级水平的面积为 42 727 hm²，占总面积的 14.56％，所占比例接近 1984 年的 3 倍。

与 1994 年相比，2005 年土壤 pH 继续下降。Ⅰ级水平的面积为 92 822 hm²，占总面积的 31.97％，所占比例为 1994 年 90.6％；Ⅱ级水平的面积为 137 666 hm²，占总面积的 46.91％，所占比例为 1994 年 93.5％；Ⅲ级水平的面积为 460 363 hm²，占总面积的 20.57％，所占比例约为 1994 年 1.4 倍。

与 2005 年相比，2014 年土壤 pH 呈持续下降趋势，下降幅度有所减缓。Ⅰ级水平的面积为 98 436 hm²，占总面积的 33.54％，所占比例与 2005 年基本持平；Ⅱ级水平的面积为 137 666 km²，占总面积的 31.26％，所占比例为 2005 年 66.6％；Ⅲ级水平的面积为 460 363 hm²，占总面积的 34.44％，所占比例超过 2005 年 1.5 倍。

与 2014 年相比，2021 年土壤 pH 呈持续下降趋势，下降幅度有所减缓。Ⅰ级水平的面积占总面积的 22.97％；Ⅱ级水平的面积占总面积的 31.20％；Ⅲ级水平的面积占总面积的 41.52％。

7.4.3　不同年份土壤 pH 的时空演变

表 7 - 22 表明，1984—2021 年扬州市土壤 pH 呈持续下降趋势，其空间分布格局基本不变，里下河洼地＞沿江圩田地区＞高沙土地区＞低丘缓岗。

表 7 - 22　扬州市主要农区不同年份土壤 pH 平均值

主要农业区	土壤 pH				
	1984 年	1994 年	2005 年	2014 年	2021 年
里下河洼地	7.85	7.40	7.38	7.08	6.91

（续）

主要农业区	土壤 pH				
	1984 年	1994 年	2005 年	2014 年	2021 年
沿江圩田地区	7.40	7.36	7.21	6.97	6.84
高沙土地区	7.13	6.93	6.90	6.88	6.82
低丘缓岗	6.60	6.17	6.07	5.87	5.98

为进一步研究区域土壤 pH 变化趋势，本研究对不同时期土壤 pH 分布图层进行了图层空间差减提取比较分析（表 7 - 23）。结果表明：1984—2014 年，土壤 pH 整体呈下降趋势，下降大于 1 的占研究区总面积的 39.33%，下降 0～1 个单位的占研究区总面积的 47.15%；研究区 pH 整体呈下降趋势，其中低丘缓岗、高沙土地区、里下河洼地北部下降得较快，沿江圩田地区、里下河洼地南部相对稳定。1984—2005 年土壤 pH 下降趋势最显著，下降了 0～2 个单位的约占总面积的 90%；研究区 pH 整体下降明显，其中低丘缓岗、高沙土地区、里下河洼地下降较快，沿江圩区相对稳定，2005 年以后土壤 pH 变化较小。

表 7 - 23 扬州市不同年份土壤 pH 变化范围

时期	项目	pH 变化范围				
		<−2	−2～1	−1～0	0～1	>1
1984—1994 年	面积（hm²）		44 470	219 265	29 742	
	占比（%）		15.15	74.71	10.13	
1984—2005 年	面积（hm²）	1 259	89 665	173 346	28 707	500
	占比（%）	0.43	30.55	59.07	9.78	0.17
1994—2005 年	面积（hm²）	79	2 045	240 859	50 305	189
	占比（%）	0.03	0.70	82.07	17.14	0.06
1984—2014 年	面积（hm²）	6 513	108 923	138 374	39 667	
	占比（%）	2.22	37.11	47.15	13.52	
1994—2014 年	面积（hm²）		7 237	228 880	57 359	
	占比（%）		2.47	77.99	19.54	
2005—2014 年	面积（hm²）		3 690	164 469	124 504	814
	占比（%）		1.26	56.04	42.42	0.28

7.4.4 不同因素对土壤 pH 的影响

7.4.4.1 成土母质对土壤 pH 的影响 成土母质是形成土壤的物质基础，在

生物、气候条件相同的情况下，成土母质对土壤性质、土壤肥力特征、土壤类型以及土壤肥力起着决定性的作用。本研究区域共有 8 种成土母质，通过对1984 年、1994 年、2005 年、2014 年成土母质的比较（表 7 - 24）可知，成土母质对土壤 pH 空间分布有很大的影响，碱性基岩母质上发育的土壤 pH 比酸性基岩上发育的土壤高。随着时间的推移，8 种成土母质土壤 pH 均呈下降的趋势，但下降的速度有所不同，下降最快的是湖相沉积物，30 年间下降了0.9；其次是下蜀黄土，下降了 0.7。长江淤积物、长江冲积物和黄淮冲积物土壤变化相对较小。

表 7 - 24　不同成土母质 1984—2014 年的土壤 pH

成土母质	土壤 pH			
	1984 年	1994 年	2005 年	2014 年
湖相沉积物	7.8ab	7.2b	7.0ab	6.9bc
黄泛冲积物	8.1a	7.6a	7.4a	7.3ab
黄淮冲积物	7.9a	7.7a	7.5a	7.7a
黄土母质	6.9c	6.3c	6.3b	6.0c
基岩残积物	6.1e	6.0c	5.8c	5.8c
下蜀黄土	6.6de	6.2c	6.1bc	5.9c
长江冲积物	7.5b	7.2b	7.1ab	7.1b
长江淤积物	7.8ab	7.5ab	7.0ab	7.7a

注：同列相同字母表示数据无显著差异（$P < 0.05$）。

7.4.4.2　土壤类型对土壤 pH 影响　研究区土壤类型分为水稻土、潮土、黄棕壤、沼泽土 4 个土类，水稻土面积最大，占耕地面积的 78.24%，共有 11个土壤亚类，通过对 1984 年、1994 年、2005 年、2014 年进行对比可知（表 7 - 25），不同土壤类型对土壤 pH 有显著影响，土壤 pH 总体呈下降趋势。其中水稻土土壤 pH 下降幅度最大，平均下降 0.8，可见水稻土土壤 pH 整体下降是 30 年间扬州市耕地土壤 pH 空间上整体下降的主导作用，这与王志刚等（2008）的研究是一致的。

表 7 - 25　不同年份不同类型土壤 pH

亚类	土壤 pH			
	1984 年	1994 年	2005 年	2014 年
侧渗型水稻土	6.8b	6.2d	6.1d	5.9d
渗育型水稻	7.4ab	7.2bc	7.1b	6.8b

（续）

亚类	土壤 pH			
	1984 年	1994 年	2005 年	2014 年
脱潜型水稻土	7.8a	7.3b	7.0bc	6.7bc
淹育型水稻土	6.4bc	6.1d	6.0d	5.9d
潴育型水稻土	7.4ab	6.8c	6.7c	6.5e
潜育型水稻土	7.5ab	6.8c	6.7c	6.5c
黄潮土	7.9a	7.9a	7.8a	8.0a
灰潮土	7.5ab	7.3b	7.2b	7.3b
粗骨黄棕壤	6.2c	6.0d	5.9d	5.8d
黏盘黄棕壤	6.2c	6.1d	5.9d	5.8d
腐泥沼泽土	7.8a	7.6ab	7.3b	7.3b

注：同列相同字母表示数据无显著差异（$P < 0.05$）。

7.4.4.3 土壤有机质对土壤 pH 的影响 土壤有机质周转和累积是土壤-植物-气候系统中的生态平衡现象，其周转过程是在土壤微生物参与下进行的，受到各种自然和人为因素的影响。土壤酸碱度是土壤的属性，对微生物数量、种类及其生物活性有重要影响（Medyńska‐Juraszek，2011；Adams et al.，1983），因此土壤酸碱度会对土壤有机质变化产生影响（朱小琴等，2009；Motavalli et al.，1995；Bull et al.，1998；Derenne et al.，2001；戴万宏等，2009）。研究区 30 年耕地土壤有机质平均含量（图 7-10）由 21.62 g/kg 上升到 27.63 g/kg，增幅达 27.8%。土壤有机质含量增加促进土壤中的微生物对有机质进行分解，产生的 CO_2 溶于水后形成碳酸使土壤整体酸化。这也是 30 年间土壤 pH 在空间上整体下降的原因之一。30 年间土壤有机质的变化与土壤 pH 变化呈负相关关系，这与朱小琴等（2009）及戴万宏等（2009）的研究是一致的。

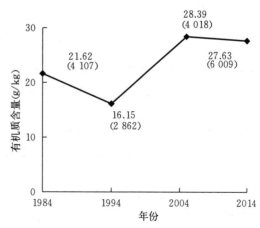

图 7-10 扬州市 1984—2014 年土壤有机质
平均含量变化（括号内为采样点数）

7.4.4.4 酸雨对土壤 pH 影响 酸性降雨是引起土壤 pH 下降的一个重要因素（Okuda et al.，1995）。酸性降雨的酸化作用在短期内导致土壤潜在酸增长，经常性的酸性降雨会导致土壤 pH 下降。扬州市 2000 年开始设立酸雨监测站。通过对 2000—2014 年的酸雨数据进行分析可知（图 7-11），扬州市降水 pH 呈下降趋势。低丘缓岗、沿江圩田地区下降最快，这主要是由于位于仪征境内的扬州化学工业园离丘陵、沿江地区较近，其大气污染物主要是氯气、氯化氢等，陆地空气污染对降水 pH 影响较大（惠学香，2013），是研究区域中低丘缓岗、沿江圩田地区土壤 pH 下降较快的主要原因之一。

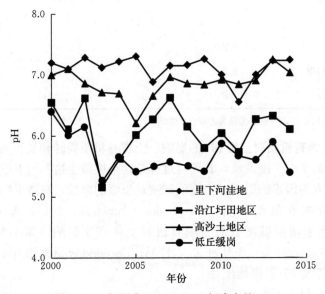

图 7-11 扬州市 2000—2014 年降水的 pH

7.4.4.5 施肥及土地利用类型对土壤 pH 的影响 从图 7-12 可以看出，1984 年以后扬州市化肥用量持续大幅度增加，2005 年化学肥料投入量约为 50.53 万 t，比 1984 年增加了 2.42 倍；2005—2014 年化肥投入量呈稳定趋势，2006 年化肥投入量达到最大值约为 52.15 万 t，其中 2014 年化肥投入量约为 46.89 万 t，较 2005 年下降了 7.76%。施用化肥的种类主要为氯化钾、硫酸铵、过磷酸钙等生理酸性肥料，长期大量施用这些酸性肥料会造成土壤 pH 下降。扬州市 30 年化肥投入量与土壤 pH 变化呈高度的负相关关系，长期过量施用化肥是土壤 pH 全面下降的主要驱动因子。而丘陵地区土壤 pH 下降较快的主要原因是旱地土壤施入过多的化肥后且得不到冲洗，致使土壤酸碱度缓冲性能下降，导致土壤酸化加速，扬州丘陵地区从 20 世纪 80 年代开始推广使用低含量的复合肥，到 2014 年，扬州低丘缓岗低含量复合肥的年使用量达到 4 万 t 以上，年均用量超过 1 000 kg/hm²。

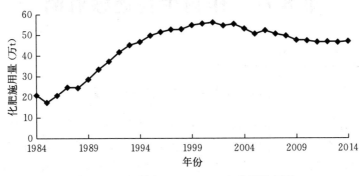

图 7-12　扬州市 1984—2014 年化肥施用量

扬州市的土地利用以种植水稻、小麦为主，但近年来全面实行种植业结构调整与优化，大力发展高效农业、特色农业，蔬菜种植面积不断扩大，复种指数也不断增加。根据对扬州市耕地质量保护的调查与统计：2014 年蔬菜种植面积比 2005 年增加了 20.5%，设施蔬菜复种指数高，化肥投入量偏多（图 7-12），据测定种植大棚蔬菜的田块土壤 pH 平均值比周边种植水稻、小麦田块下降 1.5~2.0，这是导致部分地区土壤 pH 下降较快的主要因素，这与朱小琴等（2009）的研究结果是一致的。

综上，2014 年土壤 pH 均值为 6.74，比 1984 年下降 0.77，30 年间耕地土壤 pH 呈持续下降趋势，其中前 20 年下降较快，后 10 年呈稳定趋势。2014 年土壤 pH 空间分布以 II 级、III 级水平为主，占总面积的 65.70%；1994 年、2005 年土壤 pH 空间分布以 I 级、II 级水平为主，占总面积的 75.00% 以上；1984 年土壤 pH 空间分布以 I 级、II 级水平为主，占总面积的 90.00% 以上。30 年间土壤 pH 下降 0~1 的面积最大，占总面积的 47.15%；下降大于 1 的面积占总面积的 39.33%。前 20 年土壤 pH 下降严重，下降了 0~2 的面积在 80.00% 以上，后 10 年呈稳定趋势。

土壤 pH 时空演变的驱动因子主要有成土母质、土壤类型、土壤有机质、酸雨、施肥等。其中成土母质、土壤类型、土壤有机质含量主要影响土壤 pH 的空间分布；酸雨、施肥及土地利用类型影响土壤 pH 的时间分布，酸雨、施肥是土壤酸化的主要驱动因子。

第 8 章　作物生长遥感监测

8.1　作物长势遥感监测

8.1.1　基于遥感参数的作物生物量定量反演

8.1.1.1　基于人工神经网络的作物生物量遥感监测　生物量是作物生长过程中最重要的苗情诊断关键参数之一，它是作物籽粒产量形成的物质基础，不同生长期的作物生物量动态变化与最终作物籽粒产量的形成紧密相关，因此及时、准确地获取作物生物量信息对开展作物田间长势分析诊断和精确进行作物籽粒产量估算都具有重要作用和应用价值。作物生物量的研究就是作物生态学中一个重要的研究方向，不仅是研究作物生态系统结构和功能的基础，也是研究作物生态系统的固碳能力、生态系统碳循环乃至全球变化的科学依据。利用遥感变量与生物量进行相关分析发现，生物量与近红外波段的光谱反射率正相关，而与红光波段负相关。

8.1.1.2　ANN 模型　以小麦为例，利用人工神经网络（ANN）构建拔节期、孕穗期和开花期作物生物量遥感监测模型并进行验证。

使用该网络的输入-隐层-输出这种常用的 3 层结构构建模型，并使用 L-M 算法对模型进行训练，其中双曲正切 S 型函数是输入层到隐层的激励函数，对数 S 型函数是隐层到输出层的激励函数，学习函数采用梯度下降动量权重函数。网络的隐层结点数 n 使用 5 折交叉验证法结合网格搜索法并以均方根误差（$RMSE$）为评价指标最终确定，其优化过程如图 8-1 所示，选择 $RMSE$ 最低时所对应数值为模型的隐层结点数，结果为拔节期 $n=67$、孕穗期 $n=67$、开花期 $n=49$。

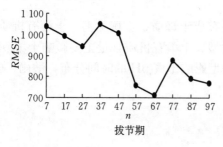

拔节期

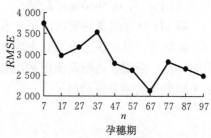

孕穗期

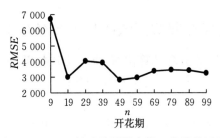

图 8-1　ANN 算法隐层结点数 n 的优化过程

8.1.1.3　模型评价　图 8-2 表明，小麦 3 个生育时期的模型预测值与实测值的 R^2 都较低，*RMSE* 也不全都偏高，且各生育时期的预测生物量在 1∶1 直线上的分布呈现很大程度的离散，因此，使用人工神经网络模型遥感监测小麦生物量是不可行的。

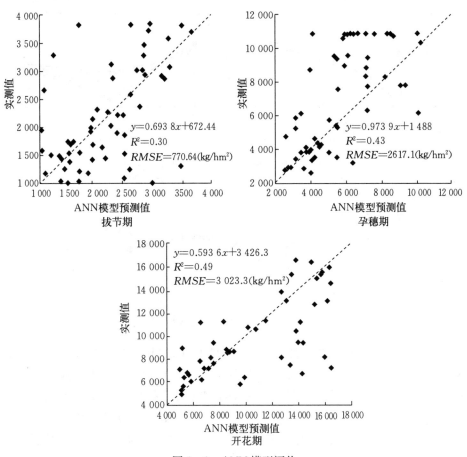

图 8-2　ANN 模型评价

8.1.2 基于随机森林回归算法的作物 SPAD 遥感监测

以小麦为例，利用随机森林算法（RF）构建拔节期、孕穗期和开花期作物 SPAD（叶绿素相对含量）遥感监测模型并进行验证。

8.1.2.1 RF 模型 RF 算法本身有两个参数 *ntree* 和 *mtry* 需要优化，其中 *ntree* 表示森林中树的规模，*mtry* 表示创建每棵树的每个分支节点所需的自变量个数。本研究使用网格搜索法并以 *RMSE* 为评价指标优化这两个参数。具体优化过程如图 8-3 所示，选择 *RMSE* 最低时所对应的参数值为模型的最终参数，优化结果显示，3 个生育时期的 *ntree* 值均为 2 000、*mtry* 值均为 3。

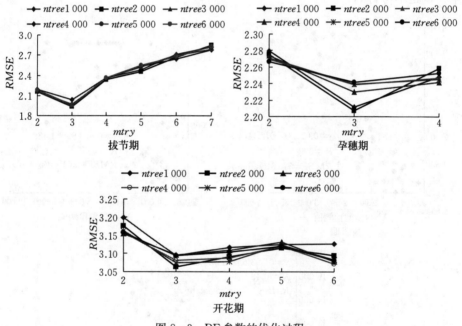

图 8-3 RF 参数的优化过程

由图 8-4 可知，拔节期 *NDVI*、*SAVI*、*OSAVI* 和 *RVI* 这 4 个指数的 *RMSE* 均在 1.6 左右，且明显高于其余 4 个指数的 *RMSE*，表明这 4 个指数对模型具有相似且较强的影响力，而 *NRI* 和 *PSRI* 指数对模型的影响力最弱；孕穗期 *PSRI* 指数的 *RMSE* 明显高于其他 4 个指数的 *RMSE*，表明它对模型的影响力最强；开花期 *SIPI* 和 *PSRI* 指数与其他 6 个指数相比较，对模型呈现较强的影响力。

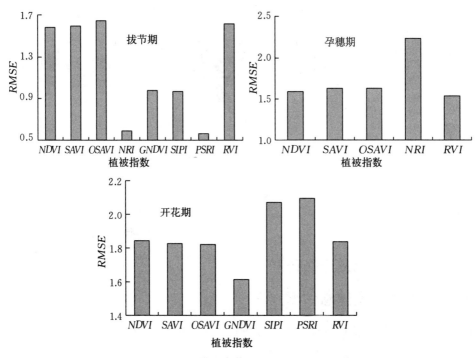

图 8-4 RF 模型中估计 SPAD 的植被指数

8.1.2.2 模型评价 由图 8-5 可知，3 个生育时期的模型预测的 SPAD 值均能随着实测值的增加而增加，且除个别预测数据未能与实测值达到完全一致的状态之外，其余的模型预测值与实测 SPAD 值之间呈现非常强的一致性，另外，3 个生育时期模型预测值与实测值之间的 R^2 和 RMSE 值也都比较理想。预测性评价结果表明，可以使用 RF 模型预测小麦拔节期、孕穗期和开花期叶片 SPAD 值。

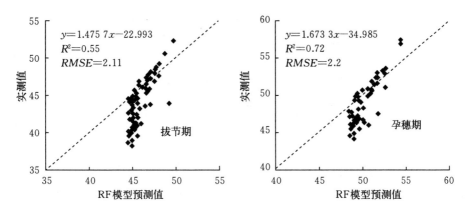

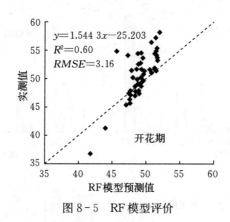

图 8-5　RF 模型评价

8.2　作物产量遥感估测

8.2.1　作物产量遥感估测方法

8.2.1.1　作物遥感估产流程　作物遥感估产流程见图 8-6。

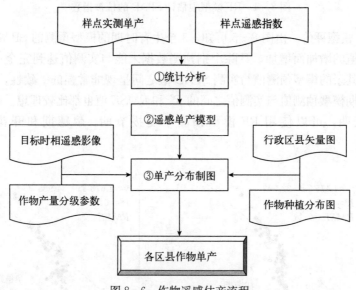

图 8-6　作物遥感估产流程

8.2.1.2　作物遥感估产步骤　根据遥感估产技术流程进行遥感估产大致可以分为以下步骤：

（1）选择适宜的遥感影像源。遥感估产常用卫星数据有 SPOT、Landsat TM、NOAA/AVHRR 和 MODIS。Landsat TM 和 SPOT 影像空间分辨率高，但覆盖面小、周期长、成本高，因而难以大面积应用于估产。NOAA 影像空间分辨率低，但覆盖面大、时间分辨率较高、成本低，成为大面积遥感估产的主要数据源。

（2）确定遥感植被指数。遥感估产中，遥感植被指数应用较为广泛，归一化植被指数（NDVI）是目前应用最广泛的植被指数。此外，比值植被指数（RVI）、差值植被指数（DVI）和增强型植被指数（EVI）等也被广泛应用。至于选择哪个植被指数进行作物估产，必须要分析遥感植被指数与产量的定量关系，经过估产效果评价才能确定（表 8-1）。

表 8-1　遥感植被指数的计算公式

植被指数	定义	对应公式
NDVI	归一化植被指数	$NDVI=(B_4-B_3)/(B_4+B_3)$
SAVI	土壤调整植被指数	$SAVI=(B_4-B_3)/(B_4+B_3+0.5)\times(1+0.5)$
OSAVI	调整土壤亮度的植被指数	$OSAVI=(1+0.16)\times(B_4-B_3)/(B_4+B_3+0.16)$
NRI	作物氮反应指数	$NRI=(B_2-B_3)/(B_2+B_3)$
GNDVI	绿色归一化植被指数	$GNDVI=(B_4-B_2)/(B_4+B_2)$
SIPI	冠层结构不敏感植被指数	$SIPI=(B_4-B_1)/(B_4+B_1)$
PSRI	光谱结构不敏感植被指数	$PSRI=(B_3-B_1)/B_4$
DVI	差值植被指数	$DVI=B_4-B_3$
RVI	比值植被指数	$RVI=B_4/B_3$

注：B_1、B_2、B_3、B_4 分别代表蓝、绿、红、近红外波段的反射率。

（3）作物分类及其种植面积统计。遥感估产中，根据遥感信息源特点，采用监督分类、非监督分类、决策树分类等分类方法进行作物准确分类及其种植面积统计，通过目视判读能够区分植被、土壤、道路、水系等地物类别，结合多种植被指数、作物物候特征、多时相光谱特征等信息识别作物类别以及统计不同作物的种植面积。

（4）作物遥感估产。利用统计分析系统分析田间采样点获取的实测单产与各生育时期遥感光谱指数间的相关关系，得到作物产量最敏感的遥感变量，以利于后来构建基于敏感遥感变量的单产遥感统计预测模型，结合已提取的作物种植面积，能够实现作物产量遥感预测，为政府及其他有关部门及时了解作物产量变化趋势、制定粮食贸易和宏观调控政策提供参考。

8.2.1.3 作物种植面积遥感统计 统计作物种植面积是遥感估产中的重要环节，是根据单产进行总产预测不可或缺的内容。国外卫星遥感统计作物种植面积主要应用陆地卫星 Landsat MSS 和 Landsat TM 的资料。吴炳方等采用了高分辨率 TM 遥感数据提取水稻种植面积本底，用 NOAA－AVHRR 数据估计水稻种植面积变化趋势。潘晓东等对应用 NOAA－AVHRR 资料预测水稻面积的有效性进行了探讨，认为 NOAA－AVHRR 估产所需的最小范围为 315 个 NOAA 像元面积。吴建平等利用模糊监督分类方法进行混合像元分解，利用 NOAA－AVHRRCH1 和 NOAA－AVHRRCH2 数据提取上海地区水稻面积。陈仲新等建立抽样外推模型，以 TM 影像覆盖来近似随机地从各层抽取所需数量的冬小麦生产县，通过目视解译冬小麦的变化，以县为单位统计，最后利用外推模型得出全国冬小麦面积的变化。刘茜等应用 TM 影像预测冬小麦播种面积的精度进行对比检验，指出混合像元分解方法的精度最高。曹卫彬等在新疆棉花遥感监测中发现各种线状地物对 TM 影像图中的棉花面积提取精度产生影响。杨邦杰等建立了基于中巴资源一号卫星图像的新疆棉花种植面积遥感监测运行系统技术体系，实现了新疆棉花面积的遥感监测。阎静等基于神经网络方法，用 NOAA 图像演算最能反映水稻分布信息的绿度指数和日夜温差值，利用 TM 图像获取湖北省双季早稻种植面积。

及时且准确地获取作物种植面积的信息是粮食产量预测的关键步骤，同时对我国制定科学合理的粮食政策、经济计划和确保国家粮食安全具有重要意义。利用遥感方法测算一种作物的种植面积主要有以下方法：

（1）航天遥感法：包括卫星影像图像处理和绿度-面积模式。

（2）航空遥感法：可进行总面积的测量、作物分类及测算分类面积。

（3）遥感与统计相结合：原理是利用遥感影像分层，再实行统计抽样。

（4）地理信息系统与遥感相结合：在地理信息系统的支持下，利用遥感信息获取不同作物的种植面积。

8.2.2 作物产量遥感预测模型及应用

8.2.2.1 基于不同生育时期的 TM 影像小麦产量遥感预测

（1）相关性分析。为实现小麦产量遥感预测，结合小麦实际生产，以单产预测为例，本研究从拔节期、开花期、孕穗期、成熟期 TM 影像数据中提取与长势监测对应的 24 个常用遥感变量，对产量数据与遥感变量进行相关性回归分析，依据决定系数或拟合度最大来确定能够监测预测产量的敏感遥感变量。

表 8－2 为不同生育时期小麦产量与遥感变量间的相关性，通过对 35 组数

据进行分析，发现相对于其他遥感变量，拔节期 TVI、NDVI 与产量均极显著相关，但 TVI 的相关性优于 NDVI，其他时期，NDVI 与产量间的相关性最大，且极显著相关，相关系数为 0.685，说明小麦收获前利用 NDVI 监测预测产量是最有效的，且开花期可作为预测小麦产量的最佳时期，在收获期，同样可将 NDVI 作为遥感预测小麦产量的最敏感遥感变量。

表 8-2 不同生育时期遥感变量与小麦产量间的相关系数

遥感变量	拔节期	孕穗期	开花期	成熟期
B_1	−0.228	−0.121	−0.250	−0.283
B_2	−0.156	−0.055	−0.112	−0.212
B_3	−0.169	−0.069	−0.243	−0.272
B_4	0.088	0.273	−0.111	−0.115
B_5	−0.051	0.174	−0.125	−0.236
B_6	−0.130	0.037	−0.117	−0.211
B_7	−0.058	0.143	−0.219	−0.262
NDVI	0.397*	0.579**	0.685**	0.738**
OSAVI	0.359*	0.393*	0.501**	0.674**
SAVI	0.284	0.269	0.101	0.074
SIPI	0.419*	0.374*	0.422	0.516**
NDWI	0.114	−0.014	0.231	0.088
NDWI2	0.091	−0.029	0.254	0.134
PSRI	0.035	0.238	−0.101	−0.024
NRI	0.211	0.113	0.274	0.164
WI	−0.005	0.092	−0.215	−0.355*
TVI	0.432**	0.285	0.120	0.104
RVI	0.342	−0.386*	−0.138	−0.136
NSI	0.106	0.272	0.060	0.052
DSW1	0.058	−0.069	0.184	0.046
DSW2	−0.049	0.160	−0.211	−0.107
DSW3	−0.021	0.179	−0.111	−0.051
DSW4	0.218	0.117	0.268	0.162
DSW5	0.210	0.086	0.202	0.076

（2）构建产量遥感预测模型。根据表8-2的结果，在相关性显著的条件下，以敏感遥感变量为自变量，选用简单、易懂的线性关系模型，建立以遥感变量为基础的小麦产量预测模型（表8-3），考虑到生产实际，特别构建了开花期和成熟期小麦产量的遥感预测模型（图8-7），从而为小麦产量遥感监测预报提供了基础性依据。

表8-3 各生育时期产量与遥感变量间的预测模型

生育时期	入选遥感变量	模型	R^2
拔节期	TVI	$y=692.7x+89.12$	0.187
孕穗期	NDVI	$y=523.8x+114.66$	0.335
开花期	NDVI	$y=579.7x+121.44$	0.469
成熟期	NDVI	$y=555.43x+290.04$	0.545

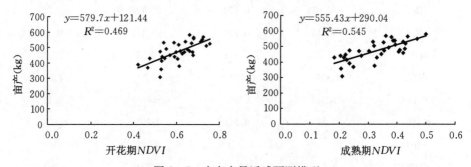

图8-7 小麦产量遥感预测模型

（3）预测性评价。综合采用R^2、RMSE、RE 3个检验指标构建预测值与实测值间的1∶1关系图，对预测模型的预测性进行评价（图8-8），产量遥

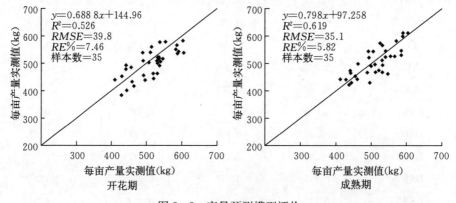

图8-8 产量预测模型评价

感预测模型的评价结果见表8-4。评价表明：由这些模型预测得到的产量的预测值与实测值都极显著相关（R^2 大于 $R^2_{0.01}$），R^2 在 0.5 以上，$RMSE$ 和 RE 都较为理想，说明用这些预测模型监测预报小麦产量是可行的，且具有一定的精度。

表8-4 模型评价结果（$n=35$）

生育时期	入选变量（x）	模型	R^2	$RMSE$（kg）	RE（%）
开花期	$NDVI$	$y=579.7x+121.44$	0.526	39.8	7.46
成熟期	$NDVI$	$y=555.43x+290.04$	0.619	35.1	5.82

（4）遥感预测模型应用。依据上述分析，本研究利用江苏部分地区 TM 数据，结合行政边界矢量数据，采用开花期产量预测模型。为便于掌握小麦产量状况以及更好地为广大农业科技工作者、涉农加工企业和相关农业负责人提供小麦产量信息，以便根据遥感预测产量结果及时做出正确的决策方案。一般情况下，根据江苏小麦特点，根据产量等级划分标准将每亩小麦产量（kg）划分成如下 4 个等级：<420、420～435、435～450、≥450。

8.2.2.2 基于开花期 HJ-CCD 影像小麦产量遥感预测

（1）单因子模型。

① 相关性分析。由表8-5可知，这13个遥感变量和产量极显著相关，其中与 DVI 相关性最大（$r=0.638^{**}$），其次为 RVI（$r=0.637^{**}$），说明敏感卫星遥感变量能够直接预测小麦产量。

表8-5 小麦产量与遥感变量间的相关性（$n=68$）

遥感变量	每亩产量（kg）	遥感变量	每亩产量（kg）	遥感变量	每亩产量（kg）	遥感变量	每亩产量（kg）
B_1	-0.39^{**}	NRI	0.343^{**}	$GNDVI$	0.44^{**}	DVI	0.638^{**}
B_2	-0.362^{**}	$NDVI$	0.471^{**}	$SIPI$	0.447^{**}	RVI	0.637^{**}
B_3	-0.432^{**}	$SAVI$	0.471^{**}	$PSRI$	-0.346^{**}	$OSAVI$	0.471^{**}
B_4	0.474^{**}						

② 模型建立。根据以上分析结果，基于相关性最大原则，筛选出用于直接预测产量的开花期敏感遥感变量，以遥感变量为自变量（x）、产量为因变量（y），构建以敏感卫星遥感变量为基础的小麦产量预测模型（表8-6）。

表 8-6　产量预测模型

因变量（y）	自变量（x）	模型	r
每亩产量（kg）	DVI	$y=0.072\ 3x+105.73$	0.638
	RVI	$y=25.723x+177.72$	0.637

③ 模型评价。利用独立样本进行模型评价，用 DVI 和 RVI 产量预测模型分别生成的预测值与实测值进行回归分析，并构建 1∶1 关系图，利用 RMSE 和 R^2 两个评价指标对模型的可信度进行评价（图 8-9）。经评价表明：这两个模型推算得到的预测值与实测值极显著相关，但是 RMSE 并不是很理想。

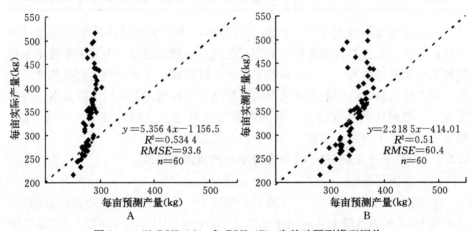

图 8-9　以 DVI（A）和 RVI（B）为基础预测模型评价

图 8-10 和图 8-11 表明，当产量小于 4 500 kg/hm² 时，利用 DVI 遥感

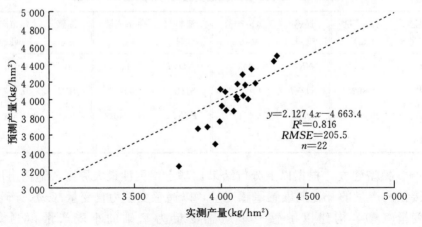

图 8-10　DVI 预测模型评价（产量 ＜4 500 kg/hm²）

变量建立的模型预测精度较高；4 500 kg/hm² ＜产量＜6 000 kg/hm² 时，利用 *RVI* 遥感变量建立的模型预测精度较高。R^2 和 *RMSE* 都较为理想，说明利用这两个变量分别进行不同产量范围的预测是可行的。

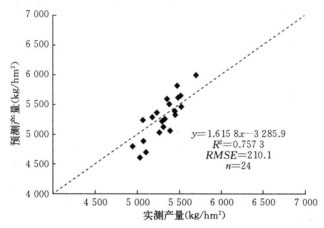

$$y=1.615\ 8x-3\ 285.9$$
$$R^2=0.757\ 3$$
$$RMSE=210.1$$
$$n=24$$

图 8 - 11　*RVI* 预测模型评价 （4 500 kg/hm² ＜产量＜6 000 kg/hm²）

（2）多因子模型。

① 模型建立。为了进一步提高产量预测模型精度，依据逐步线性回归分析，选择与产量相关性最大的两个遥感变量建立组合模型，得出结果（表 8 - 7），选用 *DVI* 和 *RVI* 作为自变量，相关性有所提高（$r=0.65$，$P<0.01$）。

表 8 - 7　多因子产量开花期预测模型

因变量（y）	自变量（x_1）	自变量（x_2）	模型	r
产量（kg/hm²）	*DVI*	*RVI*	$y=0.675x_1+142.53x_2+1\ 978.26$	0.65

② 模型评价。由图 8 - 12A 可知，小麦开花期多因子遥感变量预测模型在当年能较好地预测产量，但在 2012 年模型的预测性较差，预测值在一定范围内具有局限性。开花期多因子产量预测模型评价精度优于 *DVI* 单因子模型，*RMSE* 降低 371.9 kg/hm²；但是在预测产量＞6 000 kg/hm² 时，模型预测精度不高，去除此部分后结果如图 8 - 12B 所示：$R^2=0.812\ 6$，$RMSE=499.5$，都更为理想，模型预测精度有了明显提高。

③ 产量遥感预测应用。通过前文所构建模型及模型预测性评价结果，可利用开花期遥感变量预测产量。利用开花期江苏部分地区 HJ－CCD 遥感影像数据，通过一一解算和二值化掩膜，除去非小麦种植区，并结合市县行政边界矢量数据图层，基于开花期产量预测模型预测产量：＜4 500 kg/hm²、4 500～

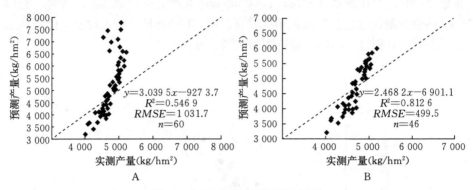

图 8 - 12　开花期多因子模型评价

A. 开花期多因子模型评价　B. 除去预测产值＞6 000 kg/hm² 的开花期多因子模型评价

5 250 kg/hm²、5 250～6 000 kg/hm²、＞6 000 kg/hm²，根据等级划分标准。

8.2.2.3　基于花后 15 d HJ - CCD 影像小麦产量遥感预测

（1）单因子模型。

① HJ - CCD 遥感变量与产量间的相关性分析。由表 8 - 8 可知，这 13 个遥感变量和产量极显著相关，与 NDVI、SAVI 和 OSAVI 相关性最大（$r=$ 0.811，$P<0.01$），其次为 GNDVI（$r=0.806$，$P<0.01$）。说明利用花后 15 d 敏感卫星遥感变量直接预测产量是可行的，且较开花期有了显著提高。

表 8 - 8　花后 15 d 遥感变量与产量间的相关性

遥感 变量	r	遥感 变量	r	遥感 变量	r	遥感 变量	r
B_1	$-0.593**$	NRI	$0.735**$	GNDVI	$0.806**$	DVI	$0.635**$
B_2	$-0.524**$	NDVI	$0.811**$	SIPI	$0.796**$	RVI	$0.798**$
B_3	$-0.432**$	SAVI	$0.811**$	PSRI	$-0.425**$	OSAVI	$0.811**$
B_4	$0.521**$						

② 模型建立。基于相关性最大原则，筛选出预测产量的花后 15 d 敏感遥感变量，以遥感变量为自变量（x）、产量为因变量（y）构建单因子线性产量预测模型（表 8 - 9）。

表 8 - 9　产量花后 15 d 单因子线性产量预测模型

因变量（y）	自变量（x）	模型	r
产量（kg/hm²）	NDVI	$y=6\,489.75x+1\,730.25$	0.811

利用试验样本进行模型评价，基于 *NDVI* 预测模型的预测值与实测值进行回归分析，并构建 1∶1 关系图，利用 *RMSE* 和 R^2 两个指标评价模型的预测能力。由图 8 - 13 可知，花后 15 d 单因子产量预测模型两年预测都较准确，*RMSE* 都较理想，分别为 423.24 kg/hm² 和 527.6 kg/hm²。说明利用花后 15 d *NDVI* 预测产量是可行的，并且花后 15 d 的单因子产量预测模型优于开花期的预测模型。

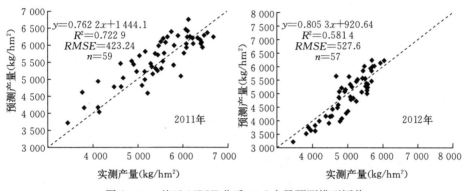

图 8 - 13　基于 *NDVI* 花后 15 d 产量预测模型评价

（2）多因子模型。

① 模型建立。为了进一步提高产量预测模型的精度，依据逐步线性回归分析选择与产量相关性最大的两个遥感变量，建立遥感变量组合模型（表 8 - 10），选用 *NDVI* 和 *GNDVI* 作为自变量，相关性有所提高（$r=0.854$）。

表 8 - 10　产量预测多因子模型

因变量（y）	自变量（x_1）	自变量（x_2）	模型	r
产量（kg/hm²）	*NDVI*	*GNDVI*	$y=11\,028.75x_1-4\,894.8x_2+1\,558.35$	0.854

② 模型评价。由图 8 - 14 可知，模型效果都较理想，对比单因子模型和多因子模型评价的 *RMSE* 和 R^2，结果表明：花后 15 d 基于不同遥感变量组合构建的产量预测模型精度较好，明显优于基于 *NDVI* 的产量预测模型，且通过比较开花期的单因子和多因子模型可知花后 15 d 产量预测模型效果更好。

③ 产量遥感预测应用。通过前文所构建模型及模型预测性评价结果可知，可利用开花期遥感变量预测当年度产量以及利用花后 15 d 遥感变量预测 2012 年产量，且模型评价效果优越性呈现多因子模型＞单因子模型。利用花后 15 d 江苏部分地区 HJ - 1A/1B 遥感影像数据，通过一一解算和二值化掩膜除去非小

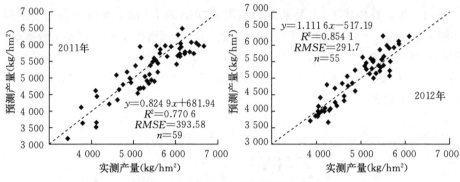

图 8-14 花后 15 d 多因子模型评价

麦种植区，并结合市县行政边界矢量数据图层，基于花后 15 d 的预测模型和产量等级划分标准（<300 kg/亩、300～350 kg/亩、350～400 kg/亩、>400 kg/亩）对产量分级。

8.2.2.4 小麦遥感估产不同变量模型比较

（1）不同时期遥感变量与产量的关系。由表 8-11 可知，2010 年两期大部分遥感变量与产量关系密切，4 月 28 日（开花期），产量与 DVI 相关性最大（$r_{0.01}=0.702$），5 月 10 日（籽粒形成期），产量与 $NDVI$ 的相关性最大（$r_{0.01}=0.855$）。产量与两期的遥感变量 $NDVI$ 均呈现极显著的正相关关系，其他多个遥感变量也与产量呈现一定的相关性，说明也可以进一步利用 HJ-CCD 不同时期的不同变量进行估产。

表 8-11 2010 年遥感变量与产量间的相关系数

遥感变量	日期（月-日）		遥感变量	日期（月-日）	
	4-28	5-10		4-28	5-10
B_1	−0.439**	−0.728**	$GNDVI$	0.638**	0.834**
B_2	−0.412**	−0.774**	$SIPI$	0.623**	0.814**
B_3	−0.498**	−0.819**	$PSRI$	−0.549**	−0.472**
B_4	0.675**	0.577**	DVI	0.702**	0.754**
$NDVI$	0.637**	0.855**	RVI	0.654**	0.807**
NRI	0.553**	0.761**			

（2）模型建立。

① 单因子模型。基于表 8-11 选择不同时期相关性最大的遥感变量作为敏感变量，以敏感变量为自变量（x）、产量为因变量（y）构建一元线性单因

子预测模型（表 8 - 12）。

表 8 - 12　单因子预测模型

日期（月-日）	自变量（x）	模型	r
4 - 28	DVI	$y=1.425x+1\,759.365$	0.702
5 - 10	$NDVI$	$y=6\,500.880x+1\,663.206$	0.855

从图 8 - 15 可知，5 月 10 日模型评价结果优于 4 月 8 日，其中，2011 年评价中 R^2 分别为 0.403 7 和 0.258 3，2010 年评价中 R^2 值分别为 0.731 2 和 0.492 4，均达到极显著水平。通过对两期预测模型的 $RMSE$ 及 RE 进行比较，发现在籽粒形成期利用卫星遥感数据预测产量更为准确，这是因为小麦产量主要来自开花前后干物质的积累及碳水化合物的合成，因此在籽粒形成期预测产量更可行；但若要在籽粒形成期前掌握产量信息，也可利用开花期的遥感影像预测产量，其趋势较为一致。

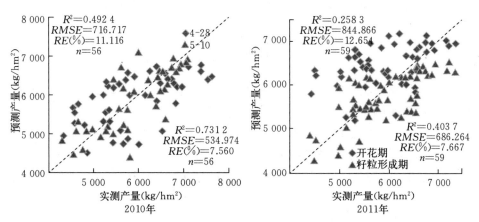

图 8 - 15　单因子模型检验评价

注：左上角为 4 月 28 日模型评价，右下角为 5 月 10 日模型评价。

② 双变量模型。上文的单因子模型预测效果好，尤其是在籽粒形成期，通过数据分析建模对同一时期的不同变量进行组合（表 8 - 13）。

表 8 - 13　双变量预测模型

日期（月-日）	自变量（x_1）	自变量（x_2）	模型	r
4 - 28	DVI	B_4	$y=1.449x_1-0.030x_2+1\,796.694$	0.702
5 - 10	$NDVI$	$GNDVI$	$y=11\,366.088x_1-5\,267.301x_2+1\,635.587$	0.860

图 8 - 16 为模型评价结果，通过对单因子模型及双变量模型的 R^2、$RMSE$ 及 RE 进行比较发现，5 月 10 日模型优于 4 月 28 日模型，在 $RMSE$ 及 RE 上均有明显提高，分别降低了 202.322 kg/hm²、3.963%。但在模型预测性比较上，4 月 28 日模型效果优于 5 月 10 日，但所得预测值高于实测值。

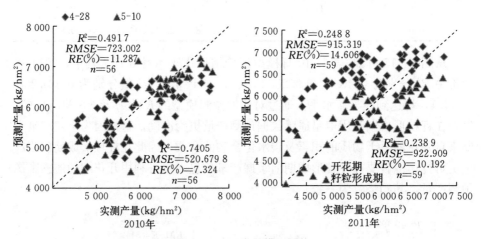

图 8 - 16　双变量模型评价

注：左上角为 4 - 28 模型评价，右下角为 5 - 10 模型评价。

③ 多因子模型。依据逐步线性回归，选择不同时期较敏感的多个变量，构建如下多因子模型：

$$y = -0.923 \times B_{4\ 4-28} + 1.585 \times DVI_{4-28} + 8\ 155.082 \times NDVI_{5-10} - 3\ 187.923 \times GNDVI_{5-10} + 1\ 174.492$$

由图 8 - 17 可知，不同时期的多个变量组成的多因子模型在预测精度上得

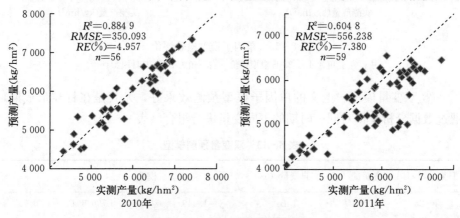

图 8 - 17　多因子模型预测评价

到显著提高，其中，R^2 均高于单因子模型的预测结果，为 0.604 8，$RMSE$ 为 556.238 kg/hm²，而 RE 为 7.380%，较之前建立的单因子模型、双变量模型呈现更好的预测效果。

接下来进一步对多因子预测模型精度进行校正：

经过气候因子筛选发现，产量模型对温度因子较为敏感。通过以上分析，给多因子模型增加影响因子 $Y_{\Delta t}$，表示生育后期日均温度变化对产量形成的影响，对所建模型进行调整，其算法如下：

$$N_{\Delta t}=\begin{cases} -\{\sin[e^{(\frac{T_1-t_1}{T_2-t_2})}]\}^{-1} \\ \{\sin[e^{(\frac{T_1-t_1}{T_2-t_2})}]\}^{-1} \end{cases} \quad t_1 \leqslant T_1,\ t_2 \leqslant T_2$$

式中：T_1 为籽粒形成前期日均气温；T_2 为籽粒形成后期日均气温；t_1 为模型建立所用前期基础温度；t_1 为模型建立所用后期基础温度；T_1 和 T_2 分别取 2011 年 4 月和 5 月的温度，取值分别为 11.9 ℃ 和 20.9 ℃，t_1 和 t_2 分别取 2010 年 4 月和 5 月的温度，取值分别为 15.3 ℃ 和 20.4 ℃。影响因子调整后，对多因子模型精度进行评价，其中，$RMSE$ 下降 19.553 kg/hm²，RE 相对下降 2.74%。

（3）模型比较结果。模型评价效果优越性为多因子模型＞双变量模型＞单因子模型；模型预测结果表明，不同时期多变量组合的多因子模型预测准确性最高，R^2、$RMSE$、RE 都较为理想。

（4）产量遥感预测模型应用。基于本节所建立的模型，得出 6 个县市小麦产量分布以 5 250～6 750 kg/hm² 为主，其中姜堰、泰兴和大丰大部分地区产量集中在 5 250～6 000 kg/hm²，兴化、高邮和大丰小部分地区产量均在 6 000 kg/hm² 以上，其中，兴化、高邮的小部分地区产量高于 6 750 kg/hm²。上述结果与成熟期实际调查和当地农业技术推广部门提供的小麦产量的实际分布情况基本吻合。

8.2.2.5　基于 PLS 算法和 HJ－1A/1B 影像的小麦遥感估产

（1）最佳主成分数目确定。$PRESS$ 越小，表明模型的估算能力越强，即依据 $PRESS$ 最小值可确定最佳主成分数目。由图 8－18 可知，起始时随着主成分数的增加，理论产量和实际产量 $PRESS$ 值都较大幅度地降低，表明由于主成分数目较少，模型拟合极其不充分，即出现缺失拟合现象，

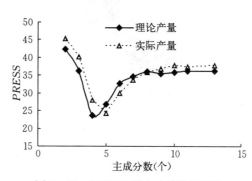

图 8－18　$PRESS$ 随主成分数的变化

直至理论产量和实际单产模型主成分数分别为 4 和 5 时，二者 *PRESS* 最小，分别为 23.61 和 24.17；之后，*PRESS* 陡然增加，直至趋于缓平饱和，说明因主成分数过多而出现"过拟合"现象。因此，选择 *PRESS* 最小时对应的主成分数作为 PLS 模型的最佳主成分数是合理的，即该理论产量和实际单产 PLS 模型的最佳主成分数分别为 4 和 5（图 8-18）。

（2）PLS 模型建立。基于 PLS 算法，理论产量以主成分数为 4 的 4 个植被指数即 *SIPI*、*NDVI*、*GNDVI* 和 *PSRI* 为自变量，以理论产量为因变量，实际产量模型以主成分数为 5 的 5 个植被指数即 *PSRI*、*GNDVI*、*OSAVI*、*RVI* 和 *NDVI* 为自变量，以实际产量为因变量，使用理论产量和实际产量建模集样本和 2011-05-06、2012-04-28 以及 2013-05-04 三期 HJ-1A/1B 影像分别构建的理论产量和实际产量估算模型为

$$理论产量 = 3\,919.8 \times NDVI - 3\,297.6 \times SIPI + 2\,383.8 \times GNDVI -$$
$$2\,758.05 \times PSRI + 7\,129.2$$

$$实际产量 = 1\,706.1 \times GNDVI - 1\,964.7 \times PSRI + 1\,764.45 \times OSAVI +$$
$$1\,478.1 \times RVI + 1\,374.75 \times NDVI + 2\,133.9$$

（3）PLS 模型评价。利用这两个模型估算理论产量和实际产量，将所得的理论产量和实际产量估算值与实际值分别绘成 1：1 散点图，统计出最优直线回归方程及其 R^2 和 *RMSE*，由图 8-19 可知，建模集样本数大于验证集样本数，并且利用建模集建立的线性方程的 R^2 明显大于验证集的 R^2，而建模集 *RMSE* 明显小于验证集 *RMSE*，表明模型估算建模集样本的效果明显好于验证集，此结果在理论上符合模型的估算规律；此外，建模集和验证集中的理论产量估算值与实际值间的 R^2 均大于 0.75，*RMSE* 分别为 720.45 kg/hm² 和

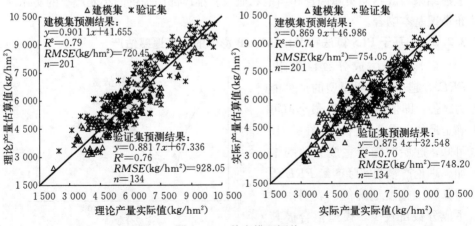

图 8-19　估产模型评价

928.05 kg/hm²，实际产量估算值与实际值间的 R^2 均大于 0.7，$RMSE$ 分别为754.05 kg/hm² 和 748.20 kg/hm²，说明利用该 PLS 模型能较好地估算冬小麦理论产量和实际产量。

（4）与传统算法比较。采用线性回归（LR）和主成分分析（PCA）与PLS 进行比较。表 8-14 为 PLS、LR 和 PCA 算法模型估算建模集和验证集样本结果，比较发现：样本数相同，理论产量和实际产量 PLS 算法模型的估算值与实际值 r 大于 LR 和 PCA 算法模型，而 $RMSE$ 小于 LR 和 PCA 算法模型，说明 PLS 算法模型估算产量的效果要好于 LR 和 PCA 算法，且 PLS 算法模型估产精度明显高于 PCA 和 LR 算法模型。

表 8-14　PLS、LR 和 PCA 算法模型估测结果比较

产量	算法	主成分数（个）	样本数（个）		r		RMSE（kg/hm²）	
			建模集	验证集	建模集	验证集	建模集	验证集
理论产量	PLS	4	201	134	0.889	0.873	720.45	928.05
	PCA	6	201	134	0.771	0.752	1 000.8	1 054.8
	LR	0	201	134	0.709	0.683	1 086.3	1 199.1
实际产量	PLS	5	201	134	0.861	0.834	754.05	748.2
	PCA	6	201	134	0.762	0.747	1 048.95	1 098.15
	LR	0	201	134	0.714	0.677	1 119.45	1 197.6

（5）估产模型应用。基于上述 PLS 模型，利用 HJ-1A/1B 影像，分别生成敏感卫星遥感变量数值图，一一进行求算，经二值化掩膜，利用研究区GPS 定位样点数据，采用监督分类法得到小麦种植空间分布，叠加包含研究区域的江苏行政区划矢量数据，理论产量分布主要为 4 500～6 750 kg/hm²，淮安以北麦区频现大于 6 750 kg/hm²，以南麦区极少出现高于 6 750 kg/hm²，沿江麦区主要为 4 500～6 000 kg/hm²，长江以南麦区主要为 4 500～5 250 kg/hm²；实际单产分布主要为 3 750～5 250 kg/hm²，其中兴化及其周边麦区主要为3 750～4 500 kg/hm²，兴化以北麦区主要为 5 250～6 000 kg/hm²，淮安以北麦区频现大于 6 000 kg/hm²，以南麦区极少出现高于 6 000 kg/hm²，沿江麦区主要为 3 750～5 250 kg/hm²，长江以南麦区主要为 3 750～4 500 kg/hm²。

参 考 文 献

白玲玉，曾希柏，李莲芳，等，2010. 不同农业利用方式对土壤重金属累积的影响及原因分析 [J]. 中国农业科学，43（1）：96-104.

包耀贤，徐明岗，吕粉桃，等，2012. 长期施肥下土壤肥力变化的评价方法 [J]. 中国农业科学，45（20）：4197-4204.

蔡奎，段亚敏，栾文楼，等，2014. 石家庄农田区土壤重金属 Cd、Cr、Pb、As、Hg 形态分布特征及其影响因素 [J]. 地球与环境，42（6）：742-749.

陈怀满，2005. 环境土壤学 [M]. 北京：科学出版社：122-123.

陈欢，曹承富，张存岭，等，2014. 基于主成分-聚类分析评价长期施肥对砂姜黑土肥力的影响 [J]. 土壤学报，51（3）：609-617.

陈凌，2012. 长江下游沿江城市防洪排涝设计：以扬州市江都滨江新城为例：2012 中国城市规划年会论文集 [G]. 昆明：中国城市规划年会：200-212.

陈仕高，李克阳，田文华，等，2016. 试析秀山县土壤有效锌现状及其影响因素 [J]. 农业与技术，36（5）：15-17+42.

陈雪洋，蒙继华，杜鑫，等，2010. 基于环境星 CCD 数据的冬小麦叶面积指数遥感监测模型研究 [J]. 国土资源遥感（2）：55-62.

陈铁楠，马建华，张永清，2015. 晋南某钢铁厂及周边土壤重金属污染与潜在生态风险 [J]. 生态环境学报，24（9）：1540-1546.

成宾宾，2010. 宣汉县水稻适宜性评价 [D]. 重庆：西南大学.

崔潇潇，高原，吕贻忠，2010. 北京市大兴区土壤肥力的空间变异 [J]. 农业工程学报，269（9）：327-333.

戴万宏，黄耀，武丽，等，2009. 中国地带性土壤有机质含量与酸碱度的关系 [J]. 土壤学报，46（5）：851-860.

代子俊，赵霞，李德成，等，2018. 近 30 年湟水流域土壤全氮时空变异及影响因素 [J]. 土壤学报，55（2）：338-350.

丁琳琳，孟庆国，2015. 农村土地确权羁绊及对策 [J]. 改革（3）：56-64.

丁文斌，蒋光毅，史东梅，等，2017. 紫色土坡耕地土壤属性差异对耕层土壤质量的影响 [J]. 生态学报，37（19）：6480-6493.

董秀茹，尤明英，王秋兵，2011. 基于土地评价的基本农田划定方法 [J]. 农业工程学报，27（4）：336-339.

窦韦强，安毅，秦莉，等，2020. 土壤 pH 对镉形态影响的研究进展 [J]. 土壤，52（3）：439-444.

杜景龙，陈德超，王兆华，等，2005. GIS 支持下的土壤综合肥力指标的定量计算 [J]. 土壤肥料 (2)：17-20.

杜君，白由路，杨俐苹，等，2012. 养分平衡法在冬小麦测土推荐施肥中的应用研究 [J]. 中国土壤与肥料 (1)：7-14.

范钦桢，谢建昌，2005. 长期肥料定位试验中土壤钾素肥力的演变 [J]. 土壤学报，42 (4)：591-599.

傅若农，刘虎威，1992. 高分辨气相色谱及高分辨裂解气相色谱 [M]. 北京：北京理工大学出版社.

高凤杰，马泉来，张志民，等，2016. 黑土区小流域土壤氮素空间分布及主控因素研究 [J]. 环境科学学报，36 (8)：2990-2999.

高祥照，2008. 我国测土配方施肥进展情况与发展方向 [J]. 中国农业资源与区划，29 (1)：7-10.

宫志锋，2012. 安徽省不同区域耕地地力评价的因子选取及隶属函数参数调整研究 [D]. 合肥：安徽农业大学.

龚子同，张甘霖，陈志城，等，2007. 土壤发生与系统分类 [M]. 北京：科学出版社：33-35.

郭超，文宇博，杨忠芳，等，2019. 典型岩溶地质高背景土壤镉生物有效性及其控制因素研究 [J]. 南京大学学报：自然科学，55 (4)：678-687.

郭治兴，王静，柴敏，等，2011. 近 30 年来广东省土壤 pH 的时空变化 [J]. 应用生态学报，22 (2)：425-430.

韩丹，程先富，谢金红，等，2012. 大别山区江子河流域土壤有机质的空间变异及其影响因素 [J]. 土壤学报，49 (2)：403-408.

韩晋仙，李二玲，班风梅，2020. 常规农业村土壤重金属污染及潜在生态风险评价：以山西寿阳县为例 [J]. 中国土壤与肥料 (6)：246-253.

韩晋仙，马建华，魏林衡，2006. 污灌对潮土重金属含量及分布的影响：以开封市化肥河污灌区为例 [J]. 土壤，38 (3)：292-297.

韩平，王纪华，潘立刚，等，2009. 北京郊区田块尺度土壤质量评价 [J]. 农业工程学报，25 (S2)：228-234.

何亚娟，潘学标，裴志远，等，2013. 基于 SPOT 遥感数据的甘蔗叶面积指数反演和产量估算 [J]. 农业机械学报，44 (5)：226-231.

侯彦林，2004. 陈守伦施肥模型研究综述 [J]. 土壤通报，35 (4)：493-501.

侯彦林，刘兆荣，2000. 生态平衡施肥模型理论与应用 [J]. 土壤通报，31 (1)：33-35.

胡建利，王德建，孙瑞娟，等，2008. 长江下游典型地区农田土壤肥力变化：以常熟市为例 [J]. 土壤学报，45 (6)：1087-1094.

胡静，覃光华，王瑞滢，等，2022. 不同坡度及植被覆盖度下的坡面流特性数值模拟 [J]. 水土保持学报，36 (3)：37-43.

胡克林，余艳，张凤荣，等，2006. 北京郊区土壤有机质含量的时空变异及其影响因素 [J]. 中国农业科学，39 (4)：764-771.

胡宁，娄翼来，张晓珂，等，2010. 保护性耕作对土壤交换性盐基组成的影响 [J]. 应用生态学报，21 (6)：1492-1496.

黄德明，2003. 十年来我国测土施肥的进展 [J]. 植物营养与肥料学报，9 (4)：495-499.

黄晶，张杨珠，徐明岗，等，2016. 长期施肥下红壤性水稻土有效磷的演变特征及对磷平衡的响应 [J]. 中国农业科学，49 (6)：1132-1141.

黄婉婷，罗由林，李启权，等，2016. 川中丘陵-盆周山地过渡带土壤碳氮空间变异特征及其主控因素 [J]. 西南农业学报，29 (9)：2193-2200.

惠学香，2013. 扬州地区酸雨现状及成因分析 [J]. 环境监控与预警，5 (1)：43-46.

霍云鹏，1980. 关于兰西县西部影响农业生产的土壤障碍层次：犁底层的调查研究 [J]. 黑龙江农业科学 (2)：37-40+50+56.

戢林，张锡洲，李廷轩，2011. 基于"3414"试验的川中丘陵区水稻测土配方施肥指标体系构建 [J]. 中国农业科学，44 (1)：84-92.

纪开燕，赵景奎，刘久东，等，2021. 扬州市主要林业害虫种类及防控对策 [J]. 福建林业科技，48 (1)：63-67+73.

贾莉君，范晓荣，尹晓明，等，2006. pH 对水稻幼苗吸收 NO_3^- 的影响 [J]. 植物营养与肥料学报，12 (5)：649-655.

贾玉秋，李冰，程永政，等，2015. 基于 GF-1 与 Landsat-8 多光谱遥感影像的玉米 LAI 反演比较 [J]. 农业工程学报，31 (9)：173-179.

蒋端生，2008. 红壤丘陵区耕地肥力质量演变规律及其影响因素研究 [D]. 长沙：湖南农业大学.

金继运，1993. 土壤钾素研究进展 [J]. 土壤学报，30 (1)：94-101.

金继运，林葆，1997. 化肥在农业生产中的作用和展望 [J]. 作物杂志 (2)：5-9.

孔伟，张飞，陈传明，2007. 扬州市土地资源及其可持续利用综合评价研究 [J]. 资源与产业 (2)：28-32.

李建军，辛景树，张会民，等，2015. 长江中下游粮食主产区 25 年来稻田土壤养分演变特征 [J]. 植物营养与肥料学报，21 (1)：92-103.

李娟，张世熔，孙波，等，2004. 滶水河流域生态修复过程中土壤速效钾的时空变异 [J]. 水土保持学报，18 (6)：88-92.

李娟，章明清，孔庆波，等，2010. 福建早稻测土配方施肥指标体系研究 [J]. 植物营养与肥料学报，16 (4)：938-946.

李丽霞，郜艳晖，张瑛，2006. 哑变量在统计分析中的应用 [J]. 数理医学杂志，19 (1)：51-53.

李联队，弥云，谢毓芬，等，2019. 陕西花椒主产区部分土壤中重金属的分布规律研究 [J]. 西北林学院学报，34 (5)：115-121.

李玲，张少凯，吴克宁，等，2015. 基于土壤系统分类的河南省土壤有机质时空变异 [J]. 土壤学报 (5)：979-990.

李强，闫晨兵，田明慧，等，2019. 湘西植烟土壤 pH 时空变异及其主要驱动因素 [J]. 植物营养与肥料学报，25（10）：1743-1751.

李珊，肖怡，李启权，等，2015. 近30年川中丘陵县域表层土壤pH时空变化分析：以四川仁寿县为例 [J]. 四川农业大学学报，33（4）：377-384+414.

李世香，2022. 农业种植中病虫害防治对策 [J]. 世界热带农业信息（4）：38-40.

李婷，张世熔，刘浔，等，2011. 沱江流域中游土壤有机质的空间变异特点及其影响因素 [J]. 土壤学报，48（4）：863-868.

李卫国，李秉柏，王志明，等，2006. 作物长势遥感监测应用研究现状和展望 [J]. 江苏农业科学（3）：12-15.

李卫国，王纪华，赵春江，等，2008. 基于NDVI和氮素积累的冬小麦籽粒蛋白质含量预测模型 [J]. 遥感学报，13（3）：151-159.

李文西，张月平，毛伟，等，2013. 水稻种植适宜性评价及指标选取研究 [J]. 农学学报，3（4）：19-24+41.

李晓燕，张树文，2004. 吉林省德惠市土壤速效钾的空间分异及不同插值方法的比较 [J]. 水土保持学报，18（4）：97-100.

李郁竹，曾燕，1998. 应用NOAA/AVHRR数据测算局地水稻种植面积方法研究 [J]. 遥感学报，2（2）：125-130.

李芸，2000. 扬州市耕地资源的特点与可持续利用的对策 [J]. 江苏广播电视大学学报（4）：47-48.

李志，刘文兆，王秋贤，2008. 黄土塬区不同地形部位和土地利用方式对土壤物理性质的影响 [J]. 应用生态学报，19（6）：1303-1308.

廖菁菁，黄标，孙维侠，等，2007. 农田土壤有效磷的时空变异及其影响因素分析：以江苏省如皋市为例 [J]. 土壤学报，44（4）：620-628.

凌启鸿，张洪程，戴其根，等，2005. 水稻精确定量施氮研究 [J]. 中国农业科学，38（12）：2457-2467.

刘德良，王开峰，杨期和，等，2015. 粤东北银锑矿尾矿区周边土壤重金属污染评价 [J]. 西北林学院学报，30（6）：65-70.

刘合满，张兴昌，苏少华，2008. 黄土高原主要土壤锌有效性及其影响因素 [J]. 农业环境科学学报，27（3）：898-902.

刘洁，李贤伟，纪中华，等，2011. 元谋干热河谷三种植被恢复模式土壤贮水及入渗特性 [J]. 生态学报，31（8）：2331-2340.

刘茜，徐希孺，1994. 航空影像与TM影像的配准及用航空影像对TM进行作物估产方法的精度检验 [J]. 环境遥感，9（4）：273-280.

刘绍贵，2007. 集约农业利用下红壤地区土壤肥力与环境质量变化及调控 [D]. 南京：南京农业大学.

刘绍贵，姬忠林，张月平，等，2017. 基于GF-1影像面向对象分类方法的水稻种植信息提取研究 [J]. 中国稻米，23（6）：43-46.

刘绍贵，苏伟，徐舒，等，2020. 扬州市农机质量状况调查分析 [J]. 江苏农机化（5）：28-30.

刘燕，毛伟，杨晓东，等，2019. 扬州市邗江区耕地土壤 pH 时空演变 [J]. 农学学报，9
  (1)：16-20.

刘彦伶，李渝，张雅蓉，等，2016. 长期施肥对黄壤性水稻土磷平衡及农学阈值的影响
  [J]. 中国农业科学，49 (10)：1903-1912.

刘云慧，宇振荣，张风荣，等，2005. 县域土壤有机质动态变化及其影响因素分析 [J]. 植
  物营养与肥料学报，11 (3)：294-301.

刘铮，1994. 我国土壤中锌含量的分布规律 [J]. 中国农业科学，27 (1)：30-37.

刘铮，朱其清，唐丽华，1994. 土壤中硼的含量和分布的规律性 [J]. 土壤学报，1989
  (4)：353-361.

柳开楼，黄晶，张会民，等，2018. 基于红壤稻田肥力与相对产量关系的水稻生产力评估
  [J]. 植物营养与肥料学报，24 (6)：1425-1434.

卢立娜，赵雨兴，胡莉芳，等，2015. 沙棘 (*Hippophae rhamnoides* L.) 种植对鄂尔多斯砒
  砂岩地区土壤容重、孔隙度与贮水能力的影响 [J]. 中国沙漠，35 (5)：1171-1176.

鲁如坤，2000. 土壤农业化学分析方法 [M]. 北京：中国农业科技出版社.

陆建军，龚琦，浦彧，等，2008. 微波密闭增压浸提柑橘园土壤中水溶态硼 [J]. 理化检验
  (化学分册) (3)：203-204+208.

陆若辉，朱伟锋，陈红金，等，2021. 浙江省土壤有效锌的时空变异特征及影响因素分析
  [J]. 浙江农业科学，62 (4)：828-830.

罗由林，李启权，王昌全，等，2015. 四川省仁寿县土壤有机碳空间分布特征及其主控因
  素 [J]. 中国生态农业学报，23 (1)：34-42.

罗由林，李启权，王昌全，等，2016. 近 30 年来川中紫色丘陵区土壤碳氮时空演变格局及
  其驱动因素 [J]. 土壤学报，53 (3)：582-593.

骆伯胜，钟继洪，陈俊坚，2004. 土壤肥力数值化综合评价研究 [J]. 土壤 (1)：104-106.

马昌，2014. 不同遥感变量组合模式监测小麦关键长势参数研究 [D]. 扬州：扬州大学.

马红菊，付梦洋，代天飞，等，2016. 德阳旌阳区土壤有机质的空间变异性及其影响因素
  分析 [J]. 西南农业学报，29 (6)：1375-1380.

马力，杨林章，沈明星，等，2011 基于长期定位试验的典型稻麦轮作区作物产量稳定性研
  究 [J]. 农业工程学报，27 (4)：117-124.

毛伟，李文西，陈明，等，2019a. 扬州市耕地土壤有机质含量 30 年演变及其驱动因子 [J].
  扬州大学学报 (农业与生命科学版)，40 (4)：2-31.

毛伟，李文西，陈明，等，2019b. 扬州市耕地土壤速效钾含量 30 年演变及其驱动因子
  [J]. 扬州大学学报 (农业与生命科学版)，40 (2)：40-46.

毛伟，李文西，陈明，等，2020. 扬州市耕地土壤有效磷含量 30 年演变及其驱动因子 [J].
  扬州大学学报 (农业与生命科学版)，41 (1)：91-96.

毛伟，李文西，高晖，等，2017. 扬州市耕地土壤 pH 30 年演变及其驱动因子 [J]. 植物营
  养与肥料学报，23 (4)：883-893.

毛伟，李文西，唐宝国，等，2014. 县级测土配方施肥指标体系建立研究：以江苏省江都

市水稻为例 [J]. 植物营养与肥料学报，20（2）：396-406.

孟红旗，刘景，徐明岗，等，2013. 长期施肥下我国典型农田耕层土壤的 pH 演变 [J]. 土壤学报，50（6）：1109-1116.

莫淳，李俊，张彦，等，2020. 扬州市江都区农作物病虫害绿色防控工作的思考与实践 [J]. 农业与技术，40（15）：89-90.

农业部农业局，1898. 配方施肥 [M]. 北京：中国农业出版社.

农业部种植业管理司，全国农业技术推广服务中心，2005. 测土配方施肥技术问答 [M]. 北京：中国农业出版社.

潘剑玲，代万安，尚占环，等，2013. 秸秆还田对土壤有机质和氮素有效性影响及机制研究进展 [J]. 中国生态农业学报，21（5）：526-535.

庞夙，李廷轩，王永东，等，2009. 土壤速效氮、磷、钾含量空间变异特征及其影响因子 [J]. 植物营养与肥料学报，15（1）：114-120.

裴瑞娜，杨生茂，徐明岗，等，2010. 长期施肥条件下黑垆土有效磷对磷盈亏的响应 [J]. 中国农业科学，43（19）：4008-4015.

秦明周，赵杰，2000. 城乡接合部土壤质量变化特点与可持续性利用对策：以开封市为例 [J]. 地理学报，55（5）：545-554.

任建强，陈仲新，唐华俊，等，2011. 基于遥感信息与作物生长模型的区域作物单产模拟 [J]. 农业工程学报，27（8）：257-264.

尚斌，邹焱，徐宜民，等，2014. 贵州中部山区植烟土壤有机质含量与海拔和成土母质之间的关系 [J]. 土壤（3）：446-451.

邵学新，黄标，顾志权，等，2006. 长三角经济高速发展地区土壤 pH 时空变化及其影响因素 [J]. 矿物岩石地球化学通报，25（2）：143-149.

沈浦，2014. 长期施肥下典型农田土壤有效磷的演变特征及机制 [D]. 北京：中国农业科学院.

石孝均，毛知耘，石孝洪，1996. 硅锌镁对水稻营养效应研究 [J]. 西南农业大学学报，18（5）：440-443.

石宇虹，朴瀛，张菁，1999. 应用 NOAA/AVHRR 资料监测水稻长势的研究 [J]. 应用气象学报，10（2）：243-248.

石中山，王春苗，特拉津·那斯尔，等，2010. 重庆地区酸性紫色土锌有效性及其影响因素研究 [J]. 土壤，42（4）：600-605.

宋莎，李廷轩，王永东，等，2011. 县域农田土壤有机质空间变异及其影响因素分析 [J]. 土壤，43（1）：44-49.

宋思梦，周扬，李勋，等，2022. 金沙江干热河谷区不同坡位引种巨菌草（*Pennisetum sinese*）对土壤物理性质与水分特征的影响 [J]. 应用与环境生物学报（3）：1-14.

宋晓宇，黄文江，王纪华，等，2006. ASTER 卫星遥感影像在冬小麦品质监测方面的初步应用 [J]. 农业工程学报，22（9）：148-153.

苏建平，邹忠，黄标，等，2006. 江苏如皋市农田土壤速效钾时空变化与平衡施肥技术研究 [J]. 土壤通报，37（2）：407-410.

苏有健，王烨军，张永利，等，2014. 不同植茶年限茶园土壤 pH 缓冲容量 [J]. 生态学报，25 (10)：2914 - 2918.

孙波，张桃林，赵其国，1995. 南方红壤丘陵区土壤养分贫瘠化的综合评价 [J]. 土壤（3）：119 - 128.

孙维侠，黄标，杨荣清，等，2005. 长江三角洲典型地区农田土壤速效钾时空演变特征及其驱动力 [J]. 南京大学学报：自然科学版，41 (6)：648 - 657.

孙晓兵，张青璞，孔祥斌，等，2019. 华北集约化农区耕地土壤肥力时空演变特征：以河北省曲周县为例 [J]. 中国生态农业学报，27 (12)：1857 - 1869.

孙义祥，郭跃升，于舜章，等，2009. 应用"3414"试验建立冬小麦测土配方施肥指标体系 [J]. 植物营养与肥料学报，15 (1)：197 - 203.

孙永健，2007. 稻麦两熟农田土壤速效钾时空变异及原因分析 [D]. 扬州：扬州大学 .

孙永健，周蓉蓉，王长松，等，2008. 稻麦两熟农田土壤速效钾时空变异及原因分析：以江苏省仪征市为例 [J]. 中国生态农业学报，16 (3)：543 - 549.

谭昌伟，王纪华，黄文江，等，2011. 基于 TM 和 PLS 的冬小麦籽粒蛋白质含量预测 [J]. 农业工程学报（3）：388 - 392.

谭昌伟，王纪华，赵春江，等，2011. 利用 Landsat TM 遥感数据监测冬小麦开花期主要长势参数 [J]. 农业工程学报，27 (5)：224 - 230.

谭昌伟，王纪华，朱新开，等，2011. 基于 Landsat TM 影像的冬小麦拔节期主要长势参数遥感监测 [J]. 中国农业科学，44 (7)：1358 - 1366.

谭昌伟，杨昕，罗明，等，2015a. 以 HJ - CCD 影像为基础的冬小麦孕穗期关键苗情参数遥感定量反演 [J]. 中国农业科学，48 (13)：2518 - 2527.

谭昌伟，杨昕，马昌，等，2015b. 小麦花后 15d 主要苗情参数多光谱卫星遥感定量监测 [J]. 麦类作物学报，35 (4)：569 - 576.

谭德水，金继运，黄绍文，2007. 长期施钾对东北春玉米产量和土壤钾素状况的影响 [J]. 中国农业科学，40 (10)：2234 - 2240.

王飞，马剑平，马俊梅，等，2020. 民勤不同林龄胡杨根区土壤理化性质及相关性分析 [J]. 西北林学院学报，35 (3)：23 - 28.

王改玲，李立科，郝明德，等，2010. 长期定位施肥对土壤重金属含量的影响及环境评价 [J]，水土保持学报，24 (3)：60 - 63.

王乐，张淑香，马常宝，等，2018. 潮土区 29 年来土壤肥力和作物产量演变特征 [J]. 植物营养与肥料学报，24 (6)：1435 - 1444.

王丽爱，2016. 小麦主要生育期苗情诊断关键参数遥感定量监测优化算法比较研究 [D]. 扬州：扬州大学 .

王利明，2001. 农村土地承包经营权的若干问题探讨 [J]. 中国人民大学学报（6）：78 - 86.

王绍强，朱松丽，周成虎，2001. 中国土壤土层厚度的空间变异性特征 [J]. 地理研究，20 (2)：161 - 169.

王圣瑞，陈新平，高祥照，等，2002. "3414"肥料试验模型拟合的探讨 [J]. 植物营养与肥料学报，8（4）：409-413.

王士超，周建斌，陈竹君，等，2015. 温度对不同年限日光温室土壤氮素矿化特性的影响
[J]. 植物营养与肥料学报（1）：121-127.

王淑英，胡克林，路苹，等，2009. 北京平谷区土壤有效磷的空间变异特征及其环境风险
评价 [J]. 中国农业科学，42（4）：1290-1298.

王兴仁，陈新平，张福锁，等，1998. 施肥模型在我国推荐施肥中的应用 [J]. 植物营养与
肥料学报，4（1）：67-74.

王绪奎，徐茂，汪吉东，等，2009. 太湖地区典型水稻土大时间尺度下的肥力质量演变
[J]. 中国生态农业学报，17（2）：220-224.

王远鹏，黄晶，柳开楼，等，2020. 东北典型县域稻田土壤肥力评价及其空间变异 [J]. 植
物营养与肥料学报，26（2）：256-266.

王政权，1999. 地统计学及在生态学中应用 [M]. 北京：科学出版社.

王志刚，赵永存，廖启林，等，2008. 近20年来江苏省土壤pH时空变化及其驱动力 [J].
生态学报，28（2）：720-727.

王子腾，耿元波，梁涛，2019. 中国农田土壤的有效锌含量及影响因素分析 [J]. 中国土壤
与肥料（6）：55-63.

危常州，候振安，雷咪雯，等，2005. 不同地理尺度下综合施肥模型的建模与验证 [J]. 植
物营养与肥料学报，11（1）：13-20.

温永煌，魏向文，1979. 赣州、抚州两地区部分耕地水溶态硼含量的调查报告 [J]. 江西农
业科技（8）：15-17.

吴炳方，张峰，刘成林，等，2004. 农作物长势综合遥感监测方法 [J]. 遥感学报（6）：498-514.

吴开华，黄敏通，金肇熙，等，2011. 城市化进程中蔬菜基地土壤重金属污染评价与成因
分析：以深圳市为例 [J]. 中国土壤与肥料（4）：83-89.

吴其聪，张丛志，张佳宝，等，2015. 不同施肥及秸秆还田对潮土有机质及其组分的影响
[J]. 土壤（6）：1034-1039.

吴文斌，杨桂霞，2001. 用NOAA图像监测冬小麦长势的方法研究 [J]. 中国农业资源与
区划，22（2）：58-61.

武红亮，王士超，槐圣昌，等，2018. 近30年来典型黑土肥力和生产力演变特征 [J]. 植
物营养与肥料学报，24（6）：1456-1464.

武永锋，刘丛强，涂成龙，2008. 贵阳城市土壤重金属元素形态分析 [J]，矿物学报，28
（2）：177-180.

熊毅，李庆逵，1990. 中国土壤 [M]. 2版. 北京：科学出版社：433-443.

徐茂，吴昊，王绍华，等，2006. 江苏省不同类型土壤基础供氮能力对水稻产量的影响
[J]. 南京农业大学学报，29（4）：1-5.

徐明岗，张文菊，黄绍敏，等，2015. 中国土壤肥力演变 [M]. 2版. 北京：中国农业科学
技术出版社.

徐仁扣，Coventry D R，2002. 某些农业措施对土壤酸化的影响 [J]. 农业环境保护，21

(5)：385-388.

许明祥，刘国彬，赵允格，2005. 黄土丘陵区侵蚀土壤质量评价 [J]. 植物营养与肥料学报，11 (3)：285-293.

许仙菊，赵坚，张维理，等，2016. 不同轮作模式农田钾养分表观平衡及其对土壤速效钾含量的影响 [J]. 中国土壤与肥料 (6)：37-42.

许自成，王林，肖汉乾，2007. 湖南烟区烤烟锌含量与土壤有效锌的分布特点及关系分析川 [J]. 生态环境，16 (1)：108-185.

薛秦霞，王小凤，王奎萍，等，2021. 扬州市扬子江路绿化苗木病虫害调查及综合防治 [J]. 扬州职业大学学报，25 (1)：40-42+47.

薛绪掌，陈立平，孙治贵，等，2004. 基于土壤肥力与目标产量的冬小麦变量施氮及其效果 [J]. 农业工程学报，20 (3)：59-62.

闫岩，柳钦火，刘强，等，2006. 基于遥感数据与作物生长模型同化的冬小麦长势监测与估产方法研究 [J]. 遥感学报，10 (5)：804-811.

杨邦杰，裴志远，1999. 农作物长势的定义与遥感监测 [J]. 农业工程学报，15 (3)：214-218.

杨邦杰，裴志远，焦险峰，等，2003. 基于 CBERS-1 卫星图像的新疆棉花遥感监测技术体系 [J]. 农业工程学报，19 (6)：146-149.

杨俐苹，白由路，王贺，等，2011. 测土配方施肥指标体系建中"3414"试验方案应用探讨 [J]. 植物营养与肥料学报，17 (4)：1018-1023.

杨文婕，陈魁卿，1993. 黑龙江省主要土壤锌的形态及其有效性的研究 [J]. 东北农学院学报，24 (1)：11-16.

杨昕，2015. 不同遥感变量组合模式监测小麦主要苗情参数研究 [D]. 扬州：扬州大学.

姚红胜，杨涛明，和丽萍，等，2022. 滇东喀斯特镉砷高背景值区耕地土壤重金属污染现状及潜在生态风险评估 [J]. 西北林学院学报 (4)：29-36.

叶会财，李大明，黄庆海，等，2015. 长期不同施肥模式红壤性水稻土磷素变化 [J]. 植物营养与肥料学报，21 (6)：1521-1528.

叶民标，宋木兰，韩朝辉，1993. 低产茶园土壤障碍层定量指标的确定 [J]. 中国茶叶 (6)：26-28.

于洋，赵业婷，常庆瑞，2015. 渭北台塬区耕地土壤速效养分时空变异特征 [J]. 土壤学报 (6)：1251-1261.

余泓，潘剑君，李加加，等，2017. 长三角地区农用地土壤肥力特征及综合评价：以朱林镇为例 [J]. 土壤通报，48 (2)：372-379.

袁天佑，王俊忠，冀建华，等，2017. 长期施肥条件下潮土有效磷的演变及其对磷盈亏的响应 [J]. 核农学报，31 (1)：125-134.

曾浩，张征华，宋丹，2015. 对农村土地承包经营权确权登记颁证的思考：基于江西省的实践 [J]. 农村经济与科技，26 (1)：41-43+59.

曾招兵，曾思坚，刘一锋，等，2014. 1984 年以来广东水稻土 pH 变化趋势及影响因素 [J]. 土壤，46 (4)：732-736.

曾招兵，曾思坚，汤建东，等，2014.广东省耕地土壤有效磷时空变化特征及影响因素分析 [J].生态环境学报，23 (3)：444-451.

甄兰，崔振岭，陈新平，等，2007.25 年来种植业结构调整驱动的县域养分平衡状况的变化 [J].植物营养与肥料学报，13 (2)：213-222.

展晓莹，任意，张淑香，等，2015.中国主要土壤有效磷演变及其与磷平衡的响应关系 [J].中国农业科学，48 (23)：4728-4737.

张炳宁，彭世琪，张月平，2007.县域耕地资源管理信息系统数据字典 [M].北京：中国农业出版社.

张炳宁，彭士琪，张月平，等，2008.县域耕地资源管理信息系统数据字典 [M].2 版.北京：中国农业出版社.

张炳宁，王力扬，1989.扬州市土壤水溶态硼的含量及硼肥的合理施用 [J].江苏农业科学 (9)：18-19.

张炳宁，张月平，张秀美，等，1999.基本农田信息系统建立及其运用 I.耕地地力等级体系研究 [J].土壤学报，36 (4)：510-521.

张甘霖，吴华勇，2018.从问题到解决方案：土壤与可持续发展目标的实现 [J].中国科学院院刊，33 (2)：124-134.

张国平，郭澎涛，王正银，等，2013.紫色土丘陵地区农田土壤养分空间分布预测 [J].农业工程学报，29 (6)：113-120.

张会民，徐明岗，吕家珑，等，2007.不同生态条件下长期施钾对土壤钾素固定影响的机理 [J].应用生态学报，18 (5)：1009-1014.

张建国，郑旭东，2015.基于 Object ARX 的农村土地承包经营权确权数据采集系统的设计 [J].江西科学，33 (6)：851-854.

张莉，2010.夹层和覆盖对滨海盐碱地土壤水盐运动的影响 [D].北京：北京林业大学.

张玲娥，双文元，云安萍，等，2014.30 年间河北省曲周县土壤速效钾的时空变异特征及其影响因素 [J].中国农业科学，47 (5)：923-933.

张乃凤，2002.我国五千年农业生产中营养元素循环总结以及今后指导施肥的途径 [J].土壤肥料 (4)：2-5.

张庆利，潘贤章，王洪杰，等，2003.中等尺度上土壤肥力质量的空间分布研究及定量评价 [J].土壤通报，34 (6)：493-497.

张世熔，黄元仿，李保国，等，2003.黄淮海冲积平原区土壤速效磷、钾的时空变异特征 [J].植物营养与肥料学报，9 (1)：3-8.

张淑香，张文菊，沈仁芳，等，2015.我国典型农田长期施肥土壤肥力变化与研究展望 [J].植物营养与肥料学报，21 (6)：1389-1393.

张桃林，李忠佩，王兴祥，2006.高度集约农业利用导致的土壤退化及其生态环境效应 [J].土壤学报，43 (5)：843-850.

张汪涛，李晓秀，黄文江，等，2011.不同土地利用条件下土壤质量综合评价方法 [J].农业工程学报，26 (12)：311-318.

张小敏,张秀英,钟太洋,等,2014. 中国农田土壤重金属富集状况及其空间分布研究
    [J],环境科学,35(2):692-703.

张晓伟,余小芬,张连巧,等,2022. 不同质地土壤化肥减施对烤烟产质量及肥料利用的
    影响[J]. 西南农业学报,35(7):1649-1656.

张秀平,2010. 测土配方施肥技术应用现状与展望[J]. 宿州教育学院学报,13(2):163-166.

张永春,汪吉东,沈明星,等,2010. 长期不同施肥对太湖地区典型土壤酸化的影响[J].
    土壤学报,47(3):465-472.

张月平,张炳宁,2004. 县域耕地资源管理信息系统(CLRMIS)研制与应用:第六届
    ArcGIS暨ERDAS中国用户大会论文集[G]. 北京:地震出版社:544-551.

张月平,张炳宁,田有国,等,2013. 县域耕地资源管理信息系统开发与应用[J]. 土壤通
    报,44(6):1308-1313.

张月平,张炳宁,王长松,等,2011. 基于耕地生产潜力评价确定作物目标产量[J]. 农业
    工程学报,27(10):328-333.

章明奎,麻万诸,姚玉才,2019. 中国南方土壤中白色土层的特征及其成因分析[J]. 浙江
    农业学报,31(2):279-290.

赵东杰,王学求,2020. 滇黔桂岩溶区河漫滩土壤重金属含量、来源及潜在生态风险[J].
    中国环境科学,40(4):1609-1619.

赵广帅,李发东,李运生,等,2012. 长期施肥对土壤有机质积累的影响[J]. 生态环境学
    报,21(5):840-847.

赵国平,刘蝴蝶,张娜,等,2010. 运城市土壤有效锌影响因素的探讨[J]. 农业技术与装
    备,204(12):68-69+71.

赵明松,张甘霖,李德成,等,2013a. 江苏省土壤有机质变异及其主要影响因素[J]. 生
    态学报,33(16):5058-5066.

赵明松,张甘霖,李德成,等,2013b. 苏中平原南部土壤有机质空间变异特征研究[J].
    地理科学,33(1):83-89.

赵明松,张甘霖,王德彩,等,2013. 徐淮黄泛平原土壤有机质空间变异特征及主控因素
    分析[J]. 土壤学报,50(1):1-11.

赵明松,张甘霖,吴运金,等,2014. 江苏省土壤有机质含量时空变异特征及驱动力研究
    [J]. 土壤学报(3):448-458.

赵爽,许自成,解燕,等,2013. 曲靖市植烟土壤有效锌含量状况及与土壤因素的关系分
    析川[J]. 中国烟草学报,19(1):26-31.

赵业婷,常庆瑞,李志鹏,等,2013.1983—2009年西安市郊区耕地土壤有机质空间特征
    与变化[J]. 农业工程学报,29(2):132-140.

赵业婷,齐雁冰,常庆瑞,等,2013. 渭河平原县域农田土壤有机质时空变化特征[J]. 土
    壤学报,50(5):1048-1053.

郑永林,王海燕,解雅麟,等,2018. 北京平原地区造林树种对土壤肥力质量的影响[J].
    中国水土保持科学,16(6):89-98.

中国农技推广中心，2007. 测土配方施肥技术规范 [M]. 北京：中国农业出版社.

中国农业科学院土壤肥料研究所，1986. 中国化肥区划 [M]. 北京：中国农业科技出版社.

周国华，汪庆华，董岩翔，等，2007. 土壤-农产品系统中重金属含量关系的影响因素分析 [J]，物探化探计算技术（增刊）：226-231.

周王子，董斌，刘俊杰，等，2016. 基于权重分析的土壤综合肥力评价方法 [J]. 灌溉排水学报，35（6）：81-86.

周晓阳，徐明岗，周世伟，等，2015. 长期施肥下我国南方典型农田土壤的酸化特征 [J]. 植物营养与肥料学报，21（6）：1615-1621.

朱小琴，孙维侠，黄标，等，2009. 长江三角洲城乡交错区农业土壤 pH 特征及影响因素探讨：以江苏省无锡市为例 [J]. 土壤学报，46（4）：594-602.

朱莹，黄城园，2019. 2007—2016 年扬州市农业发展情况统计与分析 [J]. 江苏经贸职业技术学院学报（3）：11-14.

朱兆良，2006. 推荐氮肥适宜施用量的方法 [J]. 植物营养与肥料学报，12（1）：1-4.

朱兆良，金继运，2013. 保障我国粮食安全的肥料问题 [J]. 植物营养与肥料学报，19（2）：259-273.

Acua E, Castillo B, Queupuan M, et al., 2021. Assisted phytoremediation of lead contaminated soil using *Atriplex halimus* and its effect onsome soil physical properties [J]. International Journal of Environmental Science and Technology, 18（7）：1925-1938.

Adams T M, Adams S N, 1983. The effects of liming on soil pH and carbon contained in the soil biomass [J]. Journal of Agricultural Science, 101（3）：553-558.

Ahma D W, Watts M J, Imtiaz M, et al., 2012. Zinc deficiency in soils, crops and humans：a review [J]. Agrochimica, 56（2）：65-97.

Ahmad N, Cornforth I S, Walmsley D, 1973. Methods of measuring available nutrients in west Indian soil [J]. Plant and Soil, 39：635-647.

Barak P, Jobe B O, Krueger A R, et al., 1997. Effects of long-term soil acidification due to nitrogen fertilizer inputs in Wisconsin [J]. Plant and Soil, 197（1）：61-69.

Black A S, 2002. Soil acidification in urine-and urea-affected soil [J]. Australian Journal of Soil Research, 30：989-999.

Bull I D, Bergen P F V, Poulton P R, et al., 1998. Organic geochemical studies of soils from the Rothamsted classical experiments-Ⅱ, Soils from the Hoosfield spring barley experiment treated with different quantities of manure [J]. Organic Geochemistry, 28（1-2）：11-26.

Cakma K I, 2008. Enrichment of cereal grains with zinc：agronomicor genetic biofortification [J]. Plant and Soil, 302（1）：1-17.

Cambie R P, Michau D A, Paradel O R, et al., 2019. Trace metal availability in soil horizons amended with various urban waste composts during 17 years-monitoring and modelling [J]. Science of the Total Environment（651）：2961-2974.

Covaleda S, Pajares S, Gallardo J F, et al., 2009. Effect of different agricultural management systems on chemical fertility in cultivated tepetates of the Mexican transvolcanic belt

[J]. Agriculture, Ecosystems and Environment, 129 (4): 422 - 427.

Cox F R, 1992. Range in soil phosphorus critical levels with time [J]. Soil Science Society of America Journal, 56 (5): 1504 - 1509.

Darvishzadeh R, Skidmore A, Schlerf M, 2008. LAI and chlorophyll estimation for a heterogeneous grassland using hyperspectral measurements [J]. ISPRS Journal of Photogrammetry and Remote Sensing, 63 (4): 409 - 426.

Derenne, Sylvie, Largeau, Claude, 2001. A review of some important families of refractory macromolecules: composition, origin, and fate in soils and sediments [J]. Soil Science, 166 (11): 833 - 847.

Edrna Z, 2007. Resistibility of landscape to acidification [J]. Ekologia, 13: 77 - 86.

Fageria N K, Baligar V C, Jones C A, 1997. Diagnostic techniques for nutritional disorders, growth and mineral nutrition of field crops [M]. New York: Marcel Dekker, Inc. : 83 - 134.

Garcia - Gome Z C, Obrado R A, Gonzale Z D, et al. , 2018. Comparative study of the phytotoxicity of ZnO nanoparticles and Zn accumulation in nine crops grown in a calcareous soil and anacidic soil [J]. Science of the Total Environment (664): 770 - 780.

Gelaw A M, Singh B R, Lal R, 2014. Soil organic carbon and total nitrogen stocks under different land uses in a semi - arid watershed in Tigray, Northern Ethiopia [J]. Agriculture Ecosystems and Environment, 188: 256 - 263.

Guan D X, Sun F S, Yu G H, et al. , 2018. Total and available metal concentrations in soils from six long - term fertilization sites across china [J]. Environmental Science and Pollution Research, 25 (31): 31666 - 31678.

Hook P B, Burke I C, 2000. Biogeochemistry in a shortgrass landscape: control by topography, soil texture, and microclimate [J]. Ecology, 81 (10): 2686 - 2703.

Horn R, Taubner H, Wuttke M, et al. , 1994. Soil physical properties related to soil structure [J]. Soil Till Research, 30 (2 - 4): 187 - 216.

Hu K L, Li H, Li B G, et al. , 2007. Spatial and temporal patterns of soil organic matter in the urban - rural transition zone of Beijing [J]. Geoderma, 141: 302 - 310.

Li L, Zhang S K, Wu K N, et al. , 2015. Analysis on spatio - temporal variability of soil organic matte in Henan province based on soil taxonomy [J]. Acta Pedologica Sinica (5): 979 - 990.

Liu J, Elizabeth P, Guillaume J, 2012. Assessment of vegetation indices for regional crop green LAI estimation from Landsat images over multiple growing seasons [J]. Remote Sensing of Environment, 123 (8): 347 - 358.

Malhi S S, Nyborg M, Goddard T, et al. , 2011. Long - term tillage straw and N rate effects on some chemical properties in two contrasting soil types in Western Canada [J]. Nutrient Cycling in Agroecosystems, 90 (1): 133 - 146.

Malhi S S, Nyborg M, Harapiak J T, 1998. Effects of long - term N fertilizer - induced acidification and liming on micronutrients in soil and in bromegrass hay [J]. Soil and Tillage Research, 48 (1/2): 91 - 101.

McAndrew D W, Malhi S S, 1992. Long - term N fertilization of a solonetzic soil: effects on chemical and biological properties [J]. Soil Biology and Biochemistry, 24 (7): 619 - 623.

Motavalli P P, Palm C A, Parton W J, et al. , 1995. Soil pH and organic C dynamics in tropical forest soils: evidence from laboratory and simulation studies [J]. Soil Biology and Biochemistry, 27 (12): 1589 - 1599.

Okuda I, Okazaki M, Hashitani T, 1995. Spatial and temporal variations in the chemical weathering of Basaltic Pyroclastic materials [J]. Soil Science Society of American Journal, 59: 887 - 894.

Pardo M T, Guadalix M E, 1996. Zinc sorption - desorption by two and epts: effect of pH and support medium [J]. European Journal of Soil Science, 47 (2): 257 - 263.

Prietzel J, Christophel D, 2014. Organic carbon stocks in forest soils of the German Alps [J]. Geoderma, 221: 28 - 39.

Rasmussen C, Torn M S, Southard R J, 2005. Mineral assemblage and aggregates control carbon dynamics in a California conifer forest [J]. Soil Science Society of America Journal, 69 (6): 1711 - 1721.

Rigby J R, Porporato A, 2019. Simplified stochastic soil - moisture models: a look at infiltration [J]. Hydrol Earth Syst Sci Discuss, 3 (4): 861 - 871.

Rudd A C, Kay A L, Bell V A, 2019. National - scale analysis of future river flow and soil moisture droughts: potential changes in drought characteristics [J]. Clim Chan, 156 (3): 323 - 340.

Schimel D S, Braswell B H, Holland E A, et al. , 1994. Climatic, edaphic, and biotic controls over storage and turnover of carbon in soils [J]. Global Biogeochemical Cycles, 8 (3): 279 - 293.

Schroder J L, Zhang H, Girma K, et al. , 2011. Soil acidification from long - term use of nitrogen fertilizers on winter wheat [J]. Soil Science Society of America Journal, 75 (3): 957 - 964.

Shi R L, Zhang Y Q, Chen X P, et al. , 2010. Influence of longterm nitrogen fertilization on micro nutrient density in grain of winter wheat (*Triticum aestivum* L.) [J]. Journal of Cereal Science, 51 (1): 165 - 170.

Wang Y Z, Huang Y, Shi Y, et al. , 2014. Effects of phosphor us application methods on nutrition uptake and soil properties over 12 - year field micro - plot trials: I. Soil - available micro nutrients and their relationship with soil properities [J]. Fresenius Environmental Bulletin, 23 (1): 43 - 50.

Zhang B N, Zhang Y P, Chen D L, et al. , 2004. A quantitative evaluation system of soil productivity for intensive agriculture in China [J]. Geoderma, 123 (3/4): 319 - 331.

Zhang H L, Zhang X Y, Liu X B, 2013. Spatial distribution of soil nutrient at depth in black soil of Northeast China: a case study of soil available potassium [J]. Nutrition Cycling Agroecosystem, 95: 319 - 331.

Zhang H M, Wang B R, Xu M G, et al. , 2009. Crop yield and soil responses to long - term fertilization on a red soil in Southern China [J]. Pedosphere, 19 (2): 199 - 207.

图书在版编目（CIP）数据

扬州耕地 / 李文西，毛伟主编 . —北京：中国农
业出版社，2023.6
　　ISBN 978 - 7 - 109 - 30788 - 9

　　Ⅰ.①扬… Ⅱ.①李… ②毛… Ⅲ.①耕作土壤－土
壤肥力－土壤调查－扬州②耕作土壤－土壤评价－扬州
Ⅳ.①S159.253.3②S158.2

中国国家版本馆 CIP 数据核字（2023）第 101929 号

中国农业出版社出版
地址：北京市朝阳区麦子店街 18 号楼
邮编：100125
责任编辑：郭银巧　　文字编辑：郝小青
版式设计：王　晨　　责任校对：吴丽婷
印刷：北京中兴印刷有限公司
版次：2023 年 6 月第 1 版
印次：2023 年 6 月北京第 1 次印刷
发行：新华书店北京发行所
开本：700mm×1000mm　1/16
印张：11.5
字数：220 千字
定价：60.00 元
